Stempel
Das kleine Windenergie-Werkbuch

Ulrich E. Stempel

Das kleine
Windenergie-Werkbuch

Windenergie durch Experimente begreifen und kreativ nutzen

Windradtypen – Selbstbau von Windsystemen – Ladetechnik
und Überwachung – Zubehör und Extras - Anwendungsmöglichkeiten –
Kombination Wind- und Solarenergie

Mit 96 Abbildungen

Franzis'

Bibliografische Information Der Deutschen Bibliothek

Die Deutsche Bibliothek verzeichnet diese Publikation
in der Deutschen Nationalbibliografie: detaillierte bibliografische Daten
sind im Internet über http//dnb.ddb.de abrufbar

Satz: Fotosatz Pfeifer, 82166 Gräfelfing
Druck: Legoprint S.p.A, Lavis (Italia)
Printed in Italy

ISBN 3-7723-4290-6

Vorwort

Im Buch sind einfache Bauanleitungen von Windrädern und Windanlagen beschrieben, auch um Erfahrungen für den Bau von größeren Windanlagen zu sammeln. Der Wind hat eine enorme Kraft, und um ihn sinnvoll und für sich und die Mitwelt gefahrlos zu nutzen, sind die Erfahrungen im Kleinen sehr viel einfacher und auch kostengünstiger.

Im Gegensatz zu Solaranlagen, bei denen es für einen privaten Entwickler oder eine Entwicklerin fast unmöglich ist, die Solarzellen selbst herzustellen, kann im Bereich der Windenergienutzung fast alles selbst entwickelt werden. Auch besteht hier ein enormes Entwicklungsdefizit. Die Windenergie wird in der Forschung noch stiefmütterlicher behandelt als die Solarenergie. Speziell was die Steigerung des Wirkungsgrades und die Konstruktion von originellen Windkraftanlagen anbelangt, ist hier ein enormes Entwicklungspotential vorhanden.

Windkraftanlagen sind nicht nur eine äußerst effektive Methode diese Naturenergie zu nutzen, diese Energie gibt es je nach Standort bei Nacht, bei Tag, bei Regen und bei bedecktem Himmel! Und auch wieder, je nach Standort, übersteigt die tägliche Wind-Nutzenergie oft die nutzbare Sonnenscheindauer. Zur Not und bei Energie- und Windknappheit, kann das Windrad abgenommen werden und der Generator mit Muskelkraft, z.B. mit einer Fahrradkonstruktion angetrieben werden. Ideal ist wie immer die Symbiose, gemeint ist die sinnvolle ergänzende Nutzung von Solar- und Windenergie.

Für mich ist es auch eine Quelle der Freude, mit einfachsten Materialien, geringem finanziellen Budget und mit meiner Kreativität etwas zu erschaffen, was dann auch noch von Nutzen ist und vielleicht ein bisschen zum Heil unserer Mitwelt beitragen kann.

Die Materialien bei den Vorschlägen sind so gewählt, dass sie in der Hauptsache z.B. vom Sperrmüll (Fahrradteile) oder für wenig Geld zu beschaffen sind (Restposten, siehe Liefernachweise im Anhang). Manchmal braucht es natürlich auch ein Stück Edeltechnik, was auch wieder Spaß macht, wenn im großen Ganzen so viel eingespart wurde.

Auch wurden bewusst die Bauanleitungen so ausgearbeitet, dass Spezialwerkzeuge und nicht für Jeden zugängliche Arbeitsverfahren, wie Schweißen oder die Herstellung von feinmechanischen Drehteilen, nicht erforderlich sind. Wer aufwendigere Bearbeitungsmethoden zur Verfügung hat, kann die hier angebotenen Anregungen auf jeden Fall weiterentwickeln und im Sinne des höheren Wirkungsgrades perfektionieren.

Ein wesentlicher Teil des Buches sind auch die möglichst einfach gehaltenen elektronischen Schaltungen, die zu Mess- und Regelzwecken und zur Verwendung des geernteten Stromes verwendet werden können. Die Verwendung der Schaltungen beschränkt sich jedoch nicht nur auf die Anwendung mit Windenergie. So sind z.B. vorgestellte Ladeeinrichtungen und Spannungswandler in der allgemeinen Elektronik vielseitig nutzbar.

Die Bastelobjekte sind nutzbar und praxisgerecht einsetzbar für die Versorgung mit Strom oder mechanischer Antriebsenergie für den Garten, das Gartenhaus, beim Camping und für Nutzungen im Boot.

Hinweis:

Alle Konstruktionen, Schaltungen und technischen Angaben in diesem Buch wurden vom Autor mit großer Sorgfalt entwickelt, getestet, verbessert und zusammengestellt. Leider sind Fehler nicht ganz auszuschließen. Der Verlag und der Autor müssen daher darauf hinweisen, dass sie weder eine Garantie noch die juristische Verantwortung oder irgendeine Haftung für Folgen, die auf fehlerhafte Angaben zurückzuführen sind, übernehmen können. Für die Mitteilung von eventuellen Fehlern sind Autor und Verlag jedoch sehr dankbar.

Die meisten Anwendungen und Verfahren in diesem Buch sind vom Autor selbst entwickelt worden. Weitere wiedergegebene Schaltungen und Verfahren werden ohne Rücksicht auf die Patentlage mitgeteilt. Sie sind ausschließlich für Amateur- und Experimentierzwecke bestimmt und dürfen nicht gewerblich genutzt werden. Bei gewerblicher Nutzung ist vorher die Genehmigung des möglichen Lizenzinhabers einzuholen.

Inhalt

Inhalt

Inhalt

Inhalt

Ausstattungsvoraus-setzungen

Was sind die Grundvoraussetzungen für die Basteleien mit der Windenergie? Grundsätzlich braucht Ihr dazu Holz und Metallwerkzeuge. Die Schaltungen sind einfach gehalten und damit auch leicht nachzuvollziehen; wenn es dann nicht gleich funktioniert, eine Pause machen und dann mit neuer Lust und Geduld wieder daran gehen. Die verwendeten Teile sind meist sehr preiswert und Allerweltsteile, die leicht zu beschaffen sind (siehe auch im Anhang – Liefernachweise). Fast alles was in diesem Buch aufgeführt wird, habe ich selbst gebaut und in zahlreichen Fällen erprobt und optimiert.

Grundausstattung an Werkzeugen
Stabile Arbeitsplatte
Ein Schraubstock ist klasse z.B. um Metallteile zu biegen, zu sägen und zu feilen
Bohrmaschine, regelbar, gut mit Bohrständer, muss aber nicht sein
Bohrer von 1,5 mm bis 10 mm
Allerlei Schraubendreher und -schlüssel
Schraubschlüssel-Satz
Wasserrohrzange
Metallsäge mit feinem Sägeblatt oder eine Stichsäge mit verschiedenen Sägeblättern ist ganz prima
Blechschere
Kleiner Seitenschneider
Messer, Feilen, Raspel, Schleifpapier
Hammer
Flachzange

Lötkolben mit mind. 20 W bis max. 30 W und einer schmalen Spitze, am besten mit einer Dauerlötspitze – Kupferlötspitzen korrodieren sehr schnell
Feinlötzinn – Elektronik – Lötzinn mit mindestens 60 % Zinnanteil.
Kein zusätzliches Lötflussmittel und Lötwasser verwenden, das führt zu schlechten Kontakten (kalte Lötstelle)
Einfaches Digitalmessgerät (gibt's schon ab 6,00 €)
Bastelkiste mit Teilen vom Sperrmüll, alten Radios, Fernseher, Computer, Bleche von Waschmaschine und Antennenteile usw.
Eigentlich alles Sachen, die im technischen "Haushalt" als Grundausstattung vorhanden sind und sich manchmal an der nächsten Ecke finden lassen.

Umgang mit dem Lötkolben
Wenn der Lötkolben heiß ist, und auch immer wieder zwischendurch beim Löten, sollte die Lötspitze mit einem weichen Baumwolltuch abgewischt werden – ich mache das mit einem alten Taschentuch – wische ganz kurz darüber, so ist die Spitze sauber.
Dann etwas Lötzinn an die Spitze, am besten mit silberhaltigem Lötdraht Sn95 Ag3 oder auch umweltfreundlicherem Lötdraht wie z.B. Sn 60 Pb32 Cu2, es gehen aber auch andere Lötdrähte, mindestens jedoch Elektronikzinn Sn60 Pb, d.h. mit wenig-

1

stens 60 % Zinnanteil! Gut ist es, einen dünnen Lötdraht d.h. mit 0,8 mm bis 1,0 mm Durchmesser zu verwenden, es lötet sich damit leichter.

Die Lötdrähte haben eine Kolophoniumseele, die zugleich als Flussmittel dient, also brauchen wir kein weiteres Flussmittel mehr.

Beim Löten ist es gut, zugleich Bauteiledraht oder Kabel, Leiterbahn und Lötzinn zu berühren und zwar so, dass sich auf der einen Seite der Lötkolben, in der Mitte der Bauteiledraht und auf der anderen Seite der Lötdraht befindet und das ganze möglichst zügig. Wenn das Lötzinn schmilzt, kann der Lötdraht entfernt werden und so lange weiter gelötet werden, bis das Lot an der Lötstelle gut verlaufen ist (in der Regel 1-2 sec.). Während des Lötvorganges das zu lötende Teil still halten – d.h. nicht wackeln und zwar so lange, bis das Lötzinn erkaltet ist – sonst gibt es keinen guten Kontakt. Eine gute Lötstelle glänzt und eine schlechte ist matt.

Halbleiter und Integrierte Schaltkreise sind besonders empfindlich, auch was die Hitze anbelangt, und sollten nicht mehr als max. 5 sec. gelötet werden, sonst sind sie hin! Ist die Lötstelle auf Anhieb nicht gelungen, etwas warten – und dann nochmals löten. Auch ist es möglich, für empfindliche Teile eine passende Fassung zu verwenden.

Bei Dioden und Transistoren ist auch darauf zu achten, dass die Lötstellen nicht zu dicht am Bauteil sind, d.h. dass die Anschlussdrähte wenigstens einen halben Zentimeter lang sind.

Windradtypen und deren Verwendungsmöglichkeiten

Grundsätzlich wird zwischen Widerstandsläufern und Auftriebsnutzenden Rotoren unterschieden. Die Widerstandsläufer nutzen die Reibung des Luftwiderstandes um den Rotor zu bewegen. Auftriebsnutzende Rotoren nutzen das Auftriebsprinzip wie Flugzeugflügel. Dies sind meist grazil und manchmal auch futuristisch wirkende Objekte, die höchst technisch aussehen. Der denkbare Vorteil dieser Windanlagen ist, dass sie die Windenergie besser nutzen im Gegensatz zu Widerstandsläufern, was höhere Leistungswerte bedeutet.

Es gibt im Wesentlichen zwei Bauformen von Windkraftanlagen: solche mit senkrechter Drehachse und solche mit waagerechter Achse. Aus historischer Sicht sind Windrotoren, deren Drehachse senkrecht steht, die älteren.

Zu den Horizontalen gehören der Einblattrotor, der Zweiblattrotor, der Dreiblattrotor, die Hollandwindmühle und die amerikanische Windturbine (Westernrad). Der Einblattrotor hat nur ein Blatt, der durch ein Gegengewicht im Gleichgewicht gehalten wird. Zwei- und Dreiblattrotoren haben jeweils zwei beziehungsweise drei Blätter. Der meistverbreitete vertikale Windenergiekonverter ist der Darrieus-Rotor.

Grundprinzipien:
Je mehr Windangriffsfläche desto mehr Drehmoment und bessere Anlaufeigenschaften bei Schwachwind, aber desto langsamer die Drehzahl. Je größer das Windrad desto langsamer die Drehzahl. In der Praxis und beim Selbstbau (wie im Buch beschrieben) ist es daher empfehlenswert, die Systeme sinnvoll zu kombinieren. Ein Windrad kann maximal 2/3 der Windleistung in mechanische Leistung umwandeln. Die Leistung des Windrades wächst mit dem Durchmesser im Quadrat. 10 % mehr Wind ergibt 33 % mehr Leistung.

(Die Leistung wächst mit dem Durchmesser des Windrades hoch 2 und mit der Windgeschwindigkeit hoch 3).

2.1 Westernrad

Eine Variante der legendären Getreide-Windmühle ist das Westernrad, welches von Daniel Halladay zu Beginn des 19. Jahrhunderts entwickelt wurde.

Es verfügt über eine große Anzahl von Flügelblättern, wodurch das Rad schon bei geringer Windgeschwindigkeit anläuft.

Mit grundsätzlich großem Drehmoment und geringer Drehzahl eignet sich das Windrad zum Antrieb von Kolbenwasserpumpen. Auch heute wird dieser Windradtyp zur Wasserförderung für Weidetränken und Sauerstoffanreicherung und Belüftung in Fischteichen praktisch eingesetzt.

Bei einigen Modellen können die einzelnen Windflügel manuell oder automatisch ver-

2

Übersicht:

Windradtypen	Vorteile	Nachteile
Westernrad	Einfaches Flügelprofil Gute Anlaufeigenschaften Großes Drehmoment Gut für Direktantrieb von Wasserpumpen	Wuchtig Langsame Drehzahl, bei Generatorantrieb braucht es in der Regel ein Getriebe Großer konstruktiver Aufwand für Mast Gewaltige Erscheinung
Flügelrotoren	Hohe Drehzahl Hoher Wirkungsgrad je nach Flügelanzahl Direktantrieb von Generatoren (ohne Getriebe) Filigran Leise	Bei guter Leistungserwartung komplizierte Profile Horizontalläufer mit Windrich- tungsfahne
Darrieus-Rotoren (auch als Sahne- schläger bezeichnet)	Filigran Guter Wirkungsgrad Unabhängig von Windrichtung (wie Savonius)	Braucht Anlaufhilfe (daher oft mit Savonius kombiniert) Aufwendige Konstruktion Für Eigenbau eher nicht geeignet
Savonius-Rotoren	Einfachster Aufbau, ideal zum Eigenbau Unabhängig von Windrichtung (Vertikalläufer, keine Windfahne) Nutzt geringe bis hohe Wind- geschwindigkeiten Für niedrige Windgeschwindig- keit besonders geeignet (große Angriffsfläche) Hohes Drehmoment gute Anlaufeigenschaften Unproblematisch bei böigem Wind Ausbaufähig d.h. Rotoren kön- nen leicht angekoppelt werden, Parallelbetrieb durch Riemen oder Kette In Bodennähe betreibbar, ohne Mast	Großflächig, wuchtig, viel Masse Geringer Wirkungsgrad Niedrige Drehzahl

dreht werden, wodurch Drehmoment bzw. Drehzahl geregelt werden können.

Die Windfahne dient dabei zur Steuerung des Windrades (Ausrichtung zum Wind) und durch entsprechende Vorrichtung zur Abschaltung bei Sturm.

2.2 Flügelrotoren (Schnellläufer)

Im Bereich der regenerativen Energieumwandlung der meistverwendete Typ. Schon überall zu sehen. Meist als Dreiblattrotor. An den Küsten und windexponierten Lagen gibt es schon regelrechte Windparks. Auch schon in der Vergangenheit als Einblattrotor (Growian) aufgestellt, ein gigomantisches Windrad mit enormen Betriebsproblemen. Theoretisch mit bestem Wirkungsgrad, aber praktisch problematisch mit dem Auswuchten und daher schwieriges Schwingungsverhalten und sehr wartungsaufwendig. Der Wirkungsgrad liegt bei ungefähr 50 %.

Das Rotorblattende dreht sich mit einem Mehrfachen der Windgeschwindigkeit (Windgleitwert) und das äußere Repellerende kann mehrere hundert Km/h ereichen.

Automatisch oder manuell zu verdrehende Flügel und Flügelspitzen je nach Windbedingungen.

Je nach standortbedingten Windbedingungen gibt es umfangreiche Profilarten, die die Flügelrotoren zu Spezialisten für eben nur diese eine Windbedingung werden lassen. Sind die Flügelprofile schlecht ausgebildet, ist der Wirkungsgrad schlecht und die Geräuschentwicklung sehr hoch (Geräusche

dann durchaus vergleichbar mit einem landenden Hubschrauber).

2.3 Darrieus-Rotoren

Der Darrieus-Rotor, den sich der Franzose George Darrieus 1929 patentieren ließ, arbeitet nach dem Auftriebsprinzip. Er hat zwei oder drei Rotorblätter, die als Mantellinien ausgeführt sind. Sein Vorteil liegt darin, dass seine Funktion nicht von der Windrichtung abhängt. Außerdem können die mechanischen und elektrischen Bauelemente auf dem Boden untergebracht werden. Da aber auch der Rotor näher zum Boden ist, ist die Energieausbeute geringer und beträgt nur etwa 75 % derjenigen von Anlagen mit waagerechter Achse. Damit ergibt sich ein Wirkungsgrad von ca. 37 %.

Der Darrieus-Rotor ist schlechter regelbar und läuft im Allgemeinen nicht von alleine an und braucht eine Anlaufhilfe. Zahlreiche Anlagen mit Darrieus-Rotor stehen in den Windparks von Kalifornien.

Die Firma Dornier hatte z.B. eine Testanlage am nördlichen Bodenseeufer mit 12 m Durchmesser und 30 kW Leistung aufgebaut.

2.4 Savonius-Rotoren

Der Erfinder, Herr Sigurd J. Savonius, ein finnischer Schiffsoffizier, hatte den Rotor 1925 erfunden. Er arbeitet nach dem aerodynamischen Widerstandsprinzip. Der Wind findet in der Schaufelöffnung einen höheren Widerstand als in der Schaufelrückseite. So ergibt sich ein Drehmoment, das beide

2

Schaufeln abwechseld in die Windrichtung bringt. Savonius-Rotoren laufen schon bei relativ geringen Windstärken an. Ihr Wirkungsgrad erreicht aber nur 23 %.

Savonius-Rotoren findet man im professionellen Bereich vor allem bei Ablufteinrichtungen. Früher wurden viele Lieferwagen mit einem fahrtwindgetriebenen Abluftventilator ausgestattet. Auch als Werbeschilder z.B. bei Tankstellen ist die vereinfachte Ausführung des Savonius-Rotors oft anzutreffen.

In neuerer Zeit findet man den Savonius-Rotor verstärkt zum Wasserpumpen (hohes Drehmoment, niedrige Drehzahl) und auch in kombinierten Solar-/Windanlagen. Ein Vorteil des Savonius-Rotors ist der Einsatz an Orten mit schnell wechselndem, böigem Wind. Die Energieausbeute pro Fläche ist zwar kleiner, dafür spielt dieWindrichtung keine Rolle.

Die Anlagen sind im Vergleich zum Flügelrotor monströs, dafür aber sehr einfach und unkompliziert aufzubauen.

Je nach Anordnung der Schaufeln gibt es einen rechts- oder linksdrehenden Rotor.

Eine Weiterentwicklung ist der sog. Durchström-Rotor, entwickelt und beschrieben von Heinz Schulz (siehe Literaturverzeichnis) mit etwas höherem Wirkungsgrad. Dieser Rotortyp ist aufgrund der selbsttragenden, biegesteifen Konstruktion z.B. aus gebogenen Doppelstegplatten optisch transparent und für große Anlagen bis 3 m Durchmesser und 6 m Höhe und damit entsprechenden Leistungen geeignet.

2.5 Heidelberg-Rotor

Der HM-Rotor der Firma Heidelberg Motor ist eine besonders robuste Windanlage, die zum Beispiel aufgrund der Konstruktion auch in der Antarktis eingesetzt werden könnte. Mit den zwei bis drei senkrecht umlaufenden Rotorblättern aus Aluminium, die wie Tragflächen geformt sind, nutzt er das Auftriebsprinzip. Zum Selbstbau vielleicht nicht so geeignet (wer weiß, vielleicht entwickelt ja eine Leserin oder ein Leser dahingehend Modelle) aber sehr interessant, vor allem wegen des neu entwickelten Generators, dem so genannten Wanderfeldgenerator. Mit dem Rotor drehen sich ringartig angeordnete Dauermagnete um die am Mast angebrachten Wicklungen des Stators. So was wäre auch für andere Windgeneratoren sinnvoll. Ein Heidelberg-Rotor steht z.B. seit 1990 oberhalb von Bayrischzell (Nähe München) mit den Abmessungen von 10 m Höhe und einem Durchmesser von ebenfalls 10 m. Die Flügellänge beträgt 6 m und die Nennleistung beträgt 20 kW. Auch sind bisher mehrere Prototypen vor allem in England gebaut worden.

Windlatein

3.1 Standort / Voraussetzungen

Einer der ersten Schritte um den eigenen Standort für die Nutzung der Windenergie abzuprüfen könnte sein, beim deutschen Wetterdienst (Zentralamt) eine Windzonenkarte anzufordern. Mit Angaben des Jahresmittels der Windgeschwindigkeiten (m/s) für 10 m Höhe über Grund, gibt es einen groben Anhaltswert, wo und wie viel Wind über das Jahr zu erwarten ist.

Gute Standorte sind prinzipiell Bergkuppen oder Talsohlen mit Durchzug. Die Hanglage ist aufgrund des verwirbelten Windes für Flügelrotoren problematisch, geht aber für Savonius-Rotoren. Da Windgeneratoren je nach Ausführung mehr oder weniger Geräusche hervorbringen, sollte auch die Nachbarschaft berücksichtigt werden. Wenn Ihr mit der Leistung eines ausgefeilten Windrades nicht zufrieden seid, ist es besser, einen guten, hohen, windigen Standort zu finden, als das Windrad zu vergrößern.

Es ist auf jeden Fall sinnvoll, mit entsprechenden Messgeräten die Windbedingungen über einen längeren Zeitraum zu beobachten und zu messen, bevor mit viel Mühe ein Mast aufgestellt wird.

Der optimale Standort für ein Windrad kann durch Aufhängen von gleich langen Plastikfähnchen, aus Material wie es z.B. bei Absperrungen von Baustellen verwendet wird, ermittelt werden. Damit zeigt sich, wo der Wind am häufigsten zu beobachten ist. An diesem Standort können dann Messgeräte, wie die im Buch beschriebenen Windmessgeräte, aufgestellt und über einen längeren Zeitraum beobachtet werden.

Sehr komfortabel ist die Aufzeichnung mit einem Datenlogger, der dann alle paar Stunden die Winddaten in einen Speicher schreibt. Für Computerfreaks eine dankbare Aufgabe. Neben einem einfachen Computer ist dazu nur noch ein einfaches selber geschriebenes Basic-Programm, ein Adapter für die serielle Schnittstelle und ein Sensor wie in 6.2 beschrieben, erforderlich. Wer sich auch so etwas nachbauen möchte, dem empfehle ich das Buch "Messen, Steuern, Regeln" erschienen im Franzis-Verlag (siehe Literaturverzeichnis).

Aber es geht auch mit dem in 6.2 beschriebenen Fahrradtacho-Umbau.

Fragen wie: ab welcher Windgeschwindigkeit soll das Windrad Strom erzeugen bzw. etwas antreiben, sind natürlich vorher zu stellen. Wie stark ist der Wind im Durchschnitt? Gibt es eher mehr stürmische Tage, sodass es sich lohnt ein Sturmwindrad zu konstruieren, oder ist es eher ein beständiges Schwachwindgebiet, wofür eher z.B. ein Savonius-Rotor geeignet ist? Auch ist die Energieausbeute über das Jahr bei einem beständig mäßigen Wind höher als bei wenigen stürmischen Zeiten.

3

Damit und mit der Leistungs-Anforderung an die Energieernte kann dann ein entsprechender Windradtyp und die Windradgröße gewählt werden.

3.2 Windgeschwindigkeiten

Die Angaben der Windgeschwindigkeiten sind wie normal üblich in m/s angegeben. Natürlich könnt Ihr sie auch in Km/h umrechnen. In den Nachrichten hören wir immer wieder Angaben bei Sturmwarnungen in Km/h.

Berechnung: (m/s) x 3600/ 1000 = km/h
Beispiel: 4 m/s x 3600 /1000 = 14,4 km/h
Damit könnt ihr, wenn Ihr bei Windstille mit dem Fahrrad ca. 15 Km/h schnell fahrt, am eigenen Körper nachvollziehen, was z.B. Windstärke 3 bedeutet.

3.3 Anforderungen an das Windrad

3.3.1 Anströmwinkel
Je steiler die Rotorflügel, desto langsamer und drehmomentstärker ist das Windrad. Je flacher desto schneller usw.
Im Betrieb bringen beide die gleiche Leistung, der langsam laufende niedrige Drehzahl und hohes Drehmoment, der schnell laufende hohe Drehzahl, dafür aber niedriges Drehmoment.
Das Grundprinzip des auftriebsnutzenden Windrades ist wie bei den Tragflächen eines Flugzeuges.
Das Profil wird von vorne angeströmt, die Luft muss auf der Rückseite viel schneller vorbei, da der Weg länger ist. Hohe Geschwindigkeit bedingt jedoch niedrigen Druck. Dadurch entsteht eine Sogwirkung, die sich in Auftrieb und Widerstand zerlegt. Der Anteil dieser Kraft treibt das Windrad an.

Windstärken	sichtbare Anzeichen	m/s	Bemerkung (eigene)
0	Windstille, Rauch steigt senkrecht auf	0-0,5	
1	für Gefühl als leichter Hauch bemerkbar	0,6-1,7	
2	Rauch leicht abgetrieben	1,8-3,3	
3	Baumblätter bewegen sich leicht	3,4-5,2	
4	kleine Zweige werden bewegt	5,3-7,4	
5	Größere Zweige werden bewegt	7,5-9,8	
6	starke Äste werden bewegt, hörbarer, starker Wind	9,9-12,4	
7	schwächere Bäume werden bewegt, Heulen	12,5-15,2	
8	starke Bäume werden bewegt	15,3-18,2	
9	Sturm, Dachziegel werden abgeworfen	18,3-21,5	
10	Bäume werden entwurzelt	21,6-25,1	
11	schwere Zerstörungen	25,2-29	
12	Orkan, schwerste Verwüstungen	über 29…	

Verhältnis von Auftrieb zu Widerstand heißt Gleitzahl, der Auftrieb soll größer sein als der Widerstand.

3.4 Bestimmungen und sicherheitstechnische Anforderungen

Windenergie kann eine sehr gewaltige Naturenergie sein. Sie zu nutzen erfordert, vor allem bei größeren Anlagen, sicherheitstechnische Vorsichtsmaßnahmen. Alle wich-

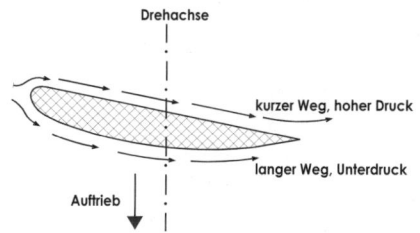

Abb. 3.1 Windradprofil. Ein profilierter Windflügel zeichnet sich dadurch aus, dass der Weg des Windes auf der glatten Vorderseite kürzer ist und damit ein höherer Druck herrscht. Die Rückseite ist gewölbt, damit ist der Weg länger, der Druck ist niedriger, dadurch entsteht der Auftrieb.

tigen Schrauben müssen gesichert sein und nach dem Einlaufen nachgezogen werden. Die Mechanik sollte so stabil sein, dass das Windrad auch einen Sturm überstehen kann. Auch sollte je nach Standort und Größe des Windrades eine Bremseinrichtung oder eine Möglichkeit, das Windrad aus dem Wind zu nehmen, vorgesehen werden.

Weiterhin ist zu bedenken, dass Vibrationen, die Drehbewegung und auch die Geräusche Mensch und Tier belästigen können.

Beim Experimentieren mit Windkraft in Verbindung mit Generatoren ist zu beachten, dass bei höheren Drehzahlen die Leerlaufspannung bei einem Niedervoltgenerator auf über 42 Volt ansteigen kann (Gefahr!).

Im übrigen ist beim örtlichen Bauamt abzuklären, ab welcher Masthöhe und ob für das Windrad eine Genehmigung erforderlich wird.

3.5 Propeller / Repeller

Für viele wird der Flügel des Windgenerators auch als Propeller bezeichnet. Um hier nicht falsche Hoffnungen, von wegen Flugzeugpropeller, ja prima, zu wecken, möchte ich hier dafür das Wort Repeller verwenden. Der Flugzeugpropeller funktioniert leider

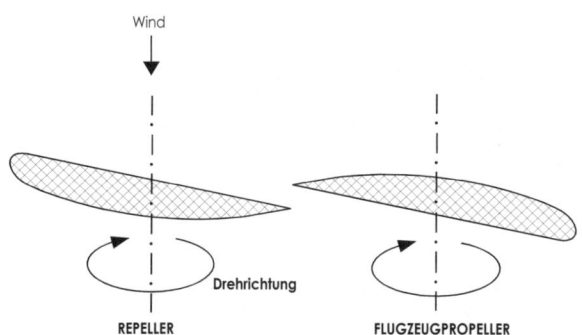

Abb. 3.2 Zeichnung Repeller/Propeller

3

nicht als Windgeneratorflügel. Er drückt die Luft nach hinten um den Vortrieb des Flugzeuges zu erreichen. Beim Windgenerator ist es genau umgekehrt. Da drückt der Wind von vorne um den Repeller anzutreiben. Auch die Profile sind jeweils andersherum verwunden. Mit einem Flugzeugpropeller einen Windgenerator anzutreiben wird leider nicht gelingen, obwohl dieser Einsatz verlockend erscheint. Natürlich lassen sich sehr einfache Profile von Lüftungsanlagen, wie z.B. Ventilatoren, bedingt als Repeller benutzen, der Wirkungsgrad ist halt nicht so besonders und dieses Windrad läuft dann nur als Widerstandsläufer.

Selbstbau von Wind-systemen

4.1 Mastkonstruktionen

Die großen Windräder mit Megawatt- und Gigawattleistungen an exponierten Standorten brauchen natürlich auch entsprechend stabile Mastkonstruktionen und gigantische Fundamente. Da würde mich doch einmal die Energiebilanz interessieren, vor allem da ich weiß, dass für die Herstellung eines Sackes Zement über hundert Kilowattstunden Energie aufgewendet werden müssen.

Für unsere Konstruktionen, die eher im Wattbereich liegen, sind auch eher Low-Energie-Mastlösungen angesagt.

Durch entsprechende Fachträgerkonstruktionen und Metallprofile sind sehr leichte, stabile Masten wie z.B. Gittermasten möglich.

Meine Lieblingsteile sind ehemalige kleinere Strommasten, diese dann aber schon für Windräder im Kilowattbereich. Ansonsten sind abgespannte Wasserrohre, Antennenmasten und alte Leuchtenmasten (Stadtwerke) ideale Windradträger. Die Höhe des Windrades ist für die Leistungsabgabe sehr entscheidend. Besser ein höherer Mast als ein größeres Windrad. Das Windrad sollte ein paar Meter über den umgebenden Bäumen und Häusern sein, vor allem in der Richtung, wo der Wind in der Hauptsache herkommt, wie bei uns hier, meist aus dem Westen.

Die Abspannung ist enorm wichtig und die Seile müssen in dem richtigen Verhältnis gespannt sein. Dreiseitig mit Stahlseilen und mit entsprechenden Kauschen, Seil-Spannern (gesicherten Kontermuttern) versehen, erspart die Abspannung ein gewaltiges Fundament beim Mast. Hier braucht es dann nur noch eine Fußsicherung gegen seitliches Wegrutschen und nach unten in den Untergrund eindringen. Bei großer Höhe sind mehrere Abspannpunkte, z.B. auch auf halber Höhe notwendig, sonst schwingt der Mast in sich. Die Verankerung der Abspannseile kann durch, schräg entgegen der Zugrichtung, eingeschlagene Armiereisen realisiert werden (abhängig von den Bodenverhältnissen). Oder kleinere Betonfundamente mit Armiereisenösen.

Eine weitere Möglichkeit ist die Konstruktion als Dreibeinmast. Das Prinzip kennen wir vom Fotostativ und vom Dreibeinhocker. Hier sind auch Kombinationen mit verzinkten Wasserrohren im Erdbereich und Holzstangen oberhalb des Erdreiches möglich. So ein Mast im Garten kann dann auch gleich noch als Kletterhilfe für die Bohnen dienen.

Bei dem Montageort ist an die Geräusche und Vibrationen zu denken, die je nach Windradtyp entstehen können. So ist es unter Umständen problematisch, das Windrad auf das Hausdach zu montieren, da sich dann die Vibrationen über die Balken auf das ganze Haus übertragen können. Falls dies doch gemacht werden muss, ist mindestens für eine ausreichende Gummidämpfung zu sorgen.

4.2 Getriebeproblematik und Lösungen

4

Grundsätzlich ist ein Getriebe eher hinderlich für einen leichten Anlauf des Windrades.

Wer einmal versucht hat einen Motor mit angebautem Getriebe zu drehen, weiß, dass es damit schwieriger geht. Je höher die Untersetzung bzw. Übersetzung desto mehr Drehmoment braucht es um die Motorwelle zu drehen.

Wenn es also irgendwie zu vermeiden ist, sollten wir unser Windrad ohne Getriebe aufbauen.

In der Folge einige Lösungen, da sich ein Getriebe leider oft doch nicht vermeiden lässt.

4.2.1 Übersetzung mit Zahnriemen

Vom Wirkungsgrad her ist die Zahnriemenübersetzung sehr günstig.

Einstufige Übersetzungen bis 1:4 sind sinnvoll und damit problemlos möglich. Die Achsen sind aber unbedingt mit Kugellager zu lagern und parallel anzuordnen, wobei eine geringe Abweichung von der Parallelen der Zahnriemen ähnlich wie eine Kette verzeiht. Anders wie bei der Kette besteht jedoch das Problem, dass der Riemen seitlich abläuft bzw. an den Rändern der Zahnriemenräder schleift.

Zahnriemenräder und Zahnriemen gibt es z.B. bei Conrad (Modellbau), Lemo-Solar oder in guten Modellbaugeschäften.

4.2.2 Übersetzung mit Kette und Ritzel

Für Anlagen mit Fahrradteilen bietet es sich an, mit Fahrrad-Ritzel und Fahrradkette zu arbeiten.

Abgesehen davon, dass die Kette im Betrieb etwas rattert, ist es bei langsam laufenden Windrädern eine praktische Möglichkeit zu experimentieren.

Die Fahrradfelge kann sehr gut als Basis für die Windradkonstruktion fungieren.

Mehr dazu in den Kapiteln über die einzelnen Windradtypen.

Hier nur soviel als Beispiel zum Savonius-Rotor, der sich, da langsam drehend und drehmomentstark, am ehesten in Kombination mit einem Getriebe verwenden lässt. Wenn der Savonius-Rotor mit einer Fahrradfelge aufgebaut wurde, können für die Übersetzungen Ritzelzahnkränze oder auswechselbare Nabenritzel von 12 bis 24 Zähnen (bei Rücktrittnabe mit breiter Ritzelaufnahme) oder Zahnkränze (bei der Rennradfelge) und beim Generator ein möglichst kleines Ritzel auf die Achse montiert werden. Auch gibt es im Bereich der Go-Kart-Teile (Renn-Go-Karts) große Ritzelräder aus Aluminium, die auf die Felge genietet werden können und kleine Ritzel passend für die Generatorachse.

Verschiedene mechanische Anregungen und Möglichkeiten, das Ritzel auf die Generatorachse zu montieren:

Radio-Einstellknopf

Holzrad

Zahnräder mit Nabenschraube

Go-Kart-Teile

Entscheidend ist, dass die Nabe zur Generatorachse passt und zur Befestigung mit Nabenschraube oder der Möglichkeit, einen Splint einzubringen, versehen ist.

4.2.3 Übersetzung nach dem Reibradprinzip

Eine Fahrradfelge mit aufgezogenem Reifen und auf den Generator ein Reibrad montiert, ist im Prinzip so wie beim Dynamo. Als Reibrad eignen sich Zahnräder vom Autoschrottplatz mit möglichst feiner Zahnung. Aus meiner Erfahrung hat sich eine Reibrolle mit ca. 30 – 35 mm Durchmesser und diagonal geriffelter Oberfläche gut bewährt. Die Diagonalriffelung lässt sich z.B. mit einer Schleifmaschine oder mit der Flex mit Metallblatt herstellen. Vorsicht! Jeweils Schutzbrille und Lederhandschuhe tragen und das Zahnradteil mit einer geeigneten Wasserrohrzange halten. Danach die Oberfläche entgraten und glätten. Dieses so bearbeitete Zahnrad hat ausreichend Traktion auch bei Regen und schädigt den Reifen nicht.

Mit einem Kfz-Lüftermotor (z.B. Bosch GPC, 12 V/150W) mit 8 mm Achse, braucht es eine Bohrung von 8 mm und eine Querbohrung für den Splint. Damit ausgestattet wird die Rolle auf die Motorachse aufgesteckt und mit dem Splint gesichert. Die Lüftermotoren haben in aller Regel die Bohrung für den Splint auf der Achse.

Für einen 28"-Reifen ergibt sich z.B. folgende Übersetzung:

Raddurchmesser: 71 cm
Reibrollendurchmesser: 3,2 cm
Ergibt ein Übersetzungsverhältnis von 1 : 22

Diese Methode eignet sich speziell für den Savonius-Rotor, da das Windrad mit dem Reibrad etwas schwerer anläuft.

Eine Lösung dazu wäre es, eine Möglichkeit zu schaffen, den Generator mit dem Reibrad erst ab einem bestimmten Winddruck an den Reifen zu bringen oder den Reifen an das Reibrad des Generators durch eine Windfahne zu pressen.

4.2.4 Übersetzung mit Planetengetriebe

In der Fahrradrücktrittnabe mit 3 Gang, 5 Gang, 7 Gang usw. befindet sich ein Planetengetriebe, welches wir für die Übersetzung einsetzen können. Es ist sogar möglich, die Übersetzung über einen Drahtzug quasi fernzusteuern. Leider ist das Übersetzungsverhältnis nicht allzu groß.

Zu beachten ist auch der nur in eine Richtung sperrende Freilauf der Fahrradnabe. Das heißt, dass das Windrad so angelegt werden muss, dass beim Antrieb durch den Wind der Freilauf sperrt.

Übersetzungsverhältnis der Dreigangnabe ca. 1:1,8, bei der Fünfgangnabe ca. 1: 2,25.

Zum Teil gibt es in Waschmaschinen und in Kleinkrafträdern auch fliehkraftgeregelte Planetengetriebe, damit hab ich es aber noch nicht ausprobiert.

4.3 Elektrische Maschine (Generator)

Die Unterscheidung zwischen Motor und Generator gibt es streng genommen eigentlich nicht. Elektrische Maschinen arbeiten je nach Einsatz und Beschaltung als Motor oder als Generator. Also besteht die Möglichkeit, passende Motoren zur Stromerzeugung als Generator zu nutzen.

Bei unseren kleinen Eigenbauwindgeneratoren ist zunächst die Umwandlung von Windenergie zu Strom interessant und scheinbar leicht zu realisieren. Viele kennen sicher die Aussagen von wegen Flugzeugpropeller und Autolichtmaschine ergeben ein klasse Windrad. Abgesehen davon, dass das mit dem Flugzeugpropeller leider nicht funktioniert, gibt es da noch ein paar andere

4

4

Dinge, die uns dran hindern. Zu beachten ist nämlich, dass üblicherweise verfügbare elektrische Maschinen meist für höhere Drehzahlen konzipiert sind, d.h. Lichtmaschinen von Kfz, die auf Umdrehungen von über 1000 U/ min ausgelegt sind, führen beim Direktantrieb mit dem Windflügel nicht zum Erfolg. Nur mit einem Getriebe (siehe oben) oder durch Umwickeln der Lichtmaschine mit längerem und dünnerem Draht gelingt es, bei Drehzahlen unter 400 U/min auf erforderliche Ladespannungen zu kommen. Die Windungszahl ist zur Spannung proportional, d.h. mit doppelter Windungszahl wird auch die Spannung verdoppelt. Da die Nuten für die Kupferwicklung nur eine bestimmte Menge an Draht aufnehmen können, muss der Drahtdurchmesser bei doppelter Windungszahl halbiert werden. Um zu einer verwertbaren Windungszahl zu kommen, ist entweder die alte Wicklung abzuwickeln und die Windungszahl zu zählen oder aber, der Drahtdurchmesser zu messen, diesen zu halbieren und damit einfach soviel in die Nuten zu wickeln wie möglich. Anleitungen zum Umwickeln von Lüftermotoren und Lichtmaschinen gibt es in der Reihe "Einfälle statt Abfälle" (siehe Literaturhinweise am Ende des Buches). Außerdem gibt es einige Firmen, die spezielle Generatoren mit niedrigem Drehzahlbereich anbieten (siehe Liefernachweise)

Es ist jedoch nicht ganz so einfach, Verbraucher und elektrische Maschinen zu finden, die mit ihrem elektrischen Verhalten zu der Leistungsabgabe (Leistungskurve) der Windanlage passen. Da die im Wind enthaltene Energie mit der 3. Potenz der Windgeschwindigkeit steigt, die Leistungsumwand-

lung der elektrischen Maschine aber höchstens in der 2. Potenz stattfinden kann, gibt es hier gewisse Anpassungsprobleme.

Da kann es dann schon sinnvoll werden, mit mehreren leichtlaufenden, zuschaltbaren elektrischen Maschinen zu arbeiten. Diese können entsprechend der Windgeschwindigkeit, z.B. mit der im Kapitel 6.2 vorgestellten Schaltelektronik, zugeschaltet werden.

4.3.1 Gleichstrommaschinen

Eine technisch sichere und einfache Möglichkeit besteht darin, einen permanent erregten Gleichstrommotor als Generator zu verwenden. Von außen erkennen lässt sich ein permanent erregter Gleichstrommotor dadurch, dass sich nach Zusammenschluss der beiden Anschlussdrähte (Kurzschluss) die Welle schwerer drehen lässt. Problematisch ist, dass die Motoren z.B. aus Kassettenrecordern, Kleinmaschinen, Lüftermotoren, Restpostenangeboten und Neuware, Nenndrehzahlen bei angegebener Nennspannung von 2500 – 3000 U/min oder sogar bis über 15000 U/min haben. Wenn wir diese mit einem Windrad mit Umdrehungen von 200 bis im äußersten Fall 800 U/min kombinieren, kommt eine viel zu niedrige Spannung heraus. Gut ist es daher, einen Motor, der für eine höhere Betriebsspannung (z.B. 48 V) vorgesehen ist, dann als 6-V- oder 12-V-Ladegenerator zu verwenden.

Ein permanent erregter Motor oder Generator hat den Vorteil, dass das für die Induktion/Stromerzeugung erforderliche Feld nicht durch eine Spule, sondern durch einen Dauermagneten erzeugt wird. Dadurch entfällt der Energie-/Stromverbrauch für das Feld, das vor allem bei niedrigen Drehzahlen des Windgenerators mehr Energie verbraucht als geerntet werden kann. Nachteil ist, dass diese Maschine, bedingt durch den Klebeeffekt der Magnete und den Reibungswiderstand der Kohlen, schwerer anläuft als eine fremd erregte Maschine oder ein Wechselstrom- oder Drehstromgenerator.

Um das Feld für große fremderregte Generatoren zu erzeugen, haben diese deshalb auf der Achse einen Hilfsgenerator.

Vom Wirkungsgrad und den Anlaufeigenschaften bestechend sind Glockenankermotoren. Das sind elektrische Maschinen mit eisenlosem Rotor und einer freitragenden, schräg verlaufenden Rotorwicklung. Dadurch besteht nur ein kleines Massenträgheitsmoment beim Anlaufen. Glockenankermotoren gibt es auch als Restposten z.B. bei Lemo-Solar, für verschiedene Spannungen und in unterschiedlichen Leistungsbereichen sowie mit passenden Getrieben.

4.3.2 Wechselstrommaschine

Vorteil von leicht laufenden Wechselstrommaschinen ist, dass sie fast keinen magnetischen Laufwiderstand haben und der Verbraucher durch den Gleichrichter das Windrad nicht am Anlaufen hindert.

Einer der einfachsten und bekanntesten Wechselstromgeneratoren ist der Fahrraddynamo. Würden wir an diesen eine Wechselspannung anschließen, würde er sich nach dem Andrehen von Hand auch wie ein Motor drehen.

Der Fahrraddynamo ist sehr robust und für den Betrieb bei Wind und Wetter gut geeignet. Mit 6 V und 3 Watt ist die Leistung für ein kleines Windrad auch ganz gut. Ohne Übersetzung lässt sich der Fahrraddynamo nur mit einem schnell laufenden Flügelrepeller ab ca. 70 cm Durchmesser betreiben. Die vollen 6 V lassen sich zwar nicht erreichen, 3-4 Akkuzellen zu 1,2 V können aber

Abb. 4.1 Foto DC- Motor 220 V. Dieser Restposten-DC-Motor eignet sich dank seiner hohen Nennspannung gut als direkt betriebener Generator.

4

Abb. 4.2 Foto Verschiedene Kleinmotoren
Als Beispiel sind hier einige Kleinmaschinen zu sehen, die in Verbindung mit kleinen Windrädchen zum Laden von kleinen Akkus oder zum Betrieb von einfachen Elektronikschaltungen oder zum Betrieb von LEDs verwendet werden können. Bei größeren Anlagen braucht es dann Kfz oder LKW-Lüftermotoren im Leistungsbereich von 200 W.

Abb. 4.3 Foto von Fahrraddynamos der älteren Generation. Sehr gut in Verbindung mit Flügelrepellern geeignet. Auch zum Umwickeln und damit zur Erhöhung der Spannungsabgabe bei niedrigeren Drehzahlen ganz prima.

daran geladen werden. Bei einigen, vor allem älteren Dynamo-Typen, kann das Reibrad abgeschraubt und dafür der Repeller (unbedingt mit Anlaufhilfe) draufgeschraubt werden.

Eine Edelvariante stellt der Speichendynamo dar. Die Übersetzung erfolgt über zwei Zahnradstufen, so dass bei wenigen Umdrehungen schon Strom fließt. Ideal für den Savonius-Rotor, vor allem können bei einem größeren Rotor zwei oder mehrere Dyna-

mos anmontiert und für die Ladung eines 12-V-Akkus in Reihe verschaltet werden (Gleichrichter wie in *Abb. 4.11* dargestellt nicht vergessen!).

4.3.3 Wechselstrom-Scheibengenerator
Ein Scheibenläufer ist ein bürstenloser Gleichstrommotor mit Permanenterregung. Ein klasse Generatorkonzept, nur leider gibt es meines Wissens kaum preiswerte Komponenten auf dem Restpostenmarkt. Eine Mög-

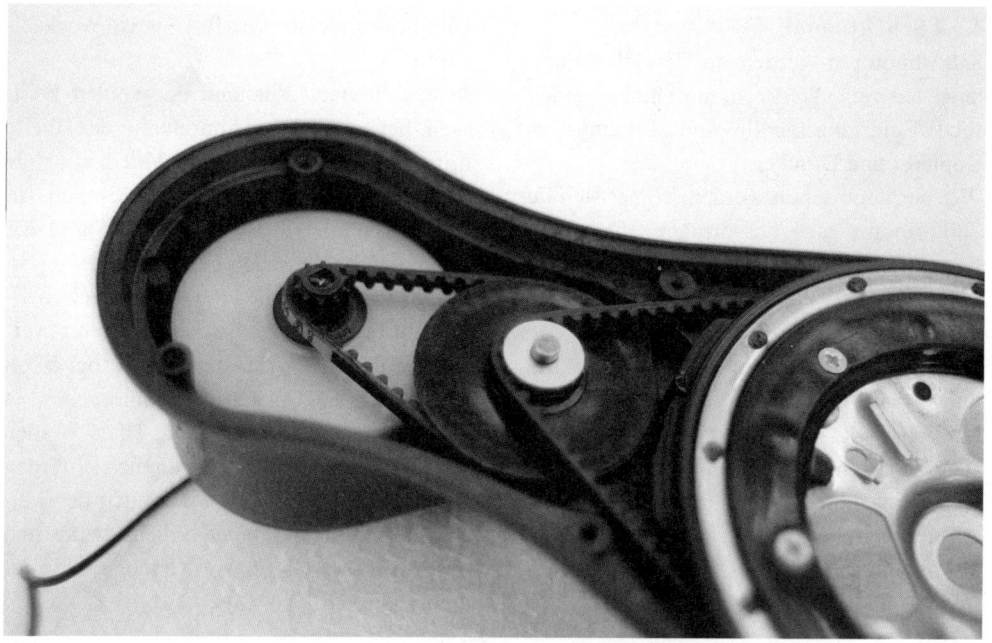

Abb. 4.4 Foto Fahrrad-Dynamo, Speichendynamo, zerlegt. Zu sehen sind die beiden Zahnriemenübersetzungen und der Generator.

lichkeit wäre eventuell, bürstenlose Gleichstromlüftermotoren entsprechend umzufunktionieren.

Einen Wechselstrom-Scheibengenerator finden wir z.B. bei den käuflichen Rutland-Windgeneratoren, siehe Liefernachweis (Fa. Conrad). Der eisenlose Scheibengenerator läuft schon bei niedrigen Windgeschwindigkeiten völlig rastmomentfrei an. Ein am Azimutlager installierter Gleichrichter richtet den aus dem Generator kommenden Wechselstrom gleich. Über Schleifringe wird der Gleichstrom zum Laderegler geleitet.

Auch finden wir einen solchen Scheibenläufer z.B. in dem für Fahrräder angebotenen Nabendynamo der Fa. Pioneer.

Mehr Informationen zu Scheibenläufern und deren Herstellung z.B. bei Fa. Baumül-

ler Nürnberg oder bei der Heinzmann GmbH im Internet.

Abb. 4.5 Foto Nabendynamo. Nicht ganz billig, aber in Verbindung mit der Fahrradnabe und Westernradflügel oder Savoniusrotor sehr geeignet.

4

4.3.4 Schrittmotor

Schrittmotoren werden im Bereich computergesteuerter Werkzeugmaschinen eingesetzt. Eine gute Quelle sind ausgemusterte Kopierer und Drucker.

Wie wir noch sehen werden, eignet sich der Schrittmotor ganz hervorragend für unsere Zwecke.

Schrittmotoren enthalten wie Gleichstrommaschinen Spulen und Magnete. Der Schrittmotor enthält einen drehbaren Magneten und mehrere feststehende Spulen. Im Vergleich zu anderen elektrischen Maschinen erzeugt der Schrittmotor schon bei wenigen Umdrehungen große Induktionsspannungen. Benutzen wir den Schrittmotor als Generator und messen aus was da rauskommt, so stellen wir fest, es ist Wechselstrom.

Je nach Innenwiderstand der Spulen kommen bei einfacher Umdrehung der Welle mit der Hand weit über 12 Volt heraus. Je höher der Innenwiderstand der Spulen ist, desto höher ist die Windungszahl und die Spannung bei gleichen Umdrehungen.

Lasst Euch nicht von den vielen Kabeln beirren, die aus dem Motor herausgeführt werden. Schließt Ihr die ersten zwei Kabel an eine Batterie an, macht die Motorachse, je nachdem wo sie gerade steht, einen kleinen Ruck, d.h. der Motoranker dreht sich einen Schritt bis zur nächsten Spule. Mit der weiteren Spule wieder einen Schritt weiter und so fort. In der Originalverwendung wird der

Abb. 4.6 Foto Schrittmotor. Im Bild mit einem aufgebohrten Potentiometerknopf ausgestattet. Durch einfache Drehung mit der Hand lässt sich schon ein kleines Birnchen zum Leuchten bringen.

4

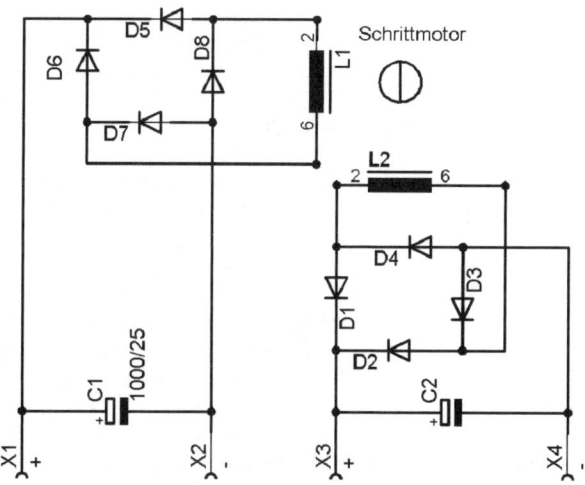

Abb. 4.7 Schaltbild Schrittmotor Beim Gleichrichter bestehend aus D1 bis D4 bzw. D5 bis D8 für den zweiten Strang, wie im Schaltbild dargestellt, handelt es sich um einen Brückengleichrichter, bei dem die untere und die obere Halbwelle des Wechselstromes gleichgerichtet wird. Würden wir nur eine Diode verwenden, so erhalten wir nur den "Gleichstrom" aus der oberen oder der unteren Halbwelle. Damit unser wertvoller Windstrom nicht in den Dioden verbraten wird, ist es hier sinnvoll, für die Dioden Schottkydioden zu verwenden, da pro Diode ca. 0,5 V mehr als bei der Siliziumdiode rauskommt. Die Elkos sind dazu da, den Strom weiter zu glätten.

Schrittmotor mit einem kleinen Mikroprozessor angesteuert und, je nach Einsatz, die Welle über die Schritte zu einer bestimmten Position gebracht. Für eine Umdrehung braucht es so z.B. 200 Schritte.

Wollen wir ein Birnchen mit dem Schrittgenerator betreiben, so können wir an jedem Strang eins anschließen. Dem Birnchen ist es egal, ob da Gleich- oder Wechselstrom herauskommt.

Es gibt unipolare und bipolare Schrittmotoren. Ein 2-Phasen-Schrittmotor entspricht 2 Spulen und ein 5-Phasen-Schrittmotor hat 5 Spulen.

Hat ein Schrittmotor 2 Stränge – also 2 Spulen – so können wir diese (wichtig!) nach dem Gleichrichter entweder parallel schalten, so haben wir den doppelten Strom, oder in Reihe schalten, so erhalten wir die doppelte Spannung. Damit besteht eine ganz besondere Möglichkeit, mit dem Schrittmotor in Verbindung mit dem Windrad zu experimentieren. Ein Schrittmotor mit 5 Phasen benötigt dann natürlich 5 Gleichrichter.

Beispiele:

Soll die Ladeenergie beispielsweise für ein Notlicht mit LEDs und Gold-Cap-Kondensator verwendet werden, so ist es sinnvoll mit der niederen Spannung zu arbeiten , da viele Gold-Caps nur bis 2,3 Volt Spannung können und einer normalen LED diese Spannung auch zum Betrieb ausreicht. Sollen dagegen Akkus mit der Windenergie geladen werden, braucht es die höhere Spannung, damit das Spannungsgefälle zum Akku hin ausreicht.

4.3.5 Ermittlung der Eckdaten

Bei Motoren aus Restpostenbeständen fehlen oft die Angaben der Eckdaten wie Nennspannung, Drehzahl, Drehmoment usw. Hier ist es gut, den Motor zuerst einmal zu vermessen. Außerdem wird die elektrische Maschine bei uns ja als Generator

4

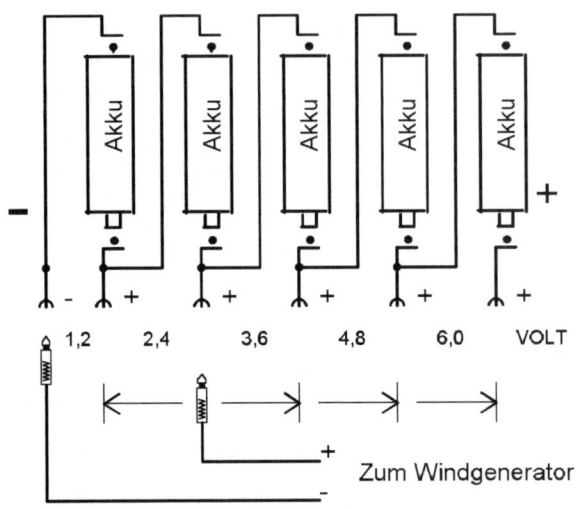

Abb. 4.8 Schaltbild, Akkuhalter
Für die Ermittlung des Ladeverhaltens ist es praktisch, mehrere Batteriehalter, für z.B. Mignonakkus, auf eine Platte zu montieren und mit 4 mm Bananensteckerbuchsen zu verbinden. Die Batteriehalter werden, wie in der Zeichnung dargestellt, angeschlossen, dann kann gewählt werden, welche Ladeendspannung mit der entsprechenden Drehzahl erreicht, bzw. wie viel Akkus geladen werden können. Dies zeigt sich durch Anzeige des Stromflusses mit dem Vielfachmessinstrument oder durch ein Lämpchen, das in Reihe mit Generator und Akkus geschaltet wird.

eingesetzt. Um zu ermitteln bei welcher Drehzahl wie viel Spannung und Ladestrom zu erwarten ist, ist dieser Test entscheidend für die Auswahl.

Mit Hilfe einer Bohrmaschine mit stufenloser Drehzahlregelung oder mit Dimmer, eines Akkuschraubers, eines Drehzahlmessers (siehe Kapitel 6.2) und eines oder 2 Vielfachmessinstrumente, können wir die Eck-

daten ermitteln und in ein Diagramm eintragen. Um nicht nur den Kurzschlussstrom zu ermitteln, ist eine realistische Lade-Datenerfassung mit einer variablen Anordnung von z.B. NiCd-Akkus wie folgt dargestellt, sinnvoll.

Das Bohrfutter des Akkuschraubers oder der Bohrmaschine hat den Vorteil, dass die Generatorachse ohne komplizierte Verbin-

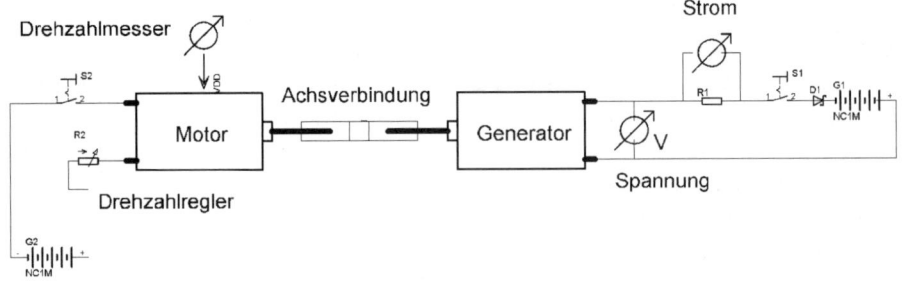

Abb. 4.9 Schaltbild Messanordnung
Zu beachten ist bei der Beschaltung, dass an einem Wechselstromgenerator zuerst ein Gleichrichter angeschlossen wird, dann kann die Diode D1, die für Gleichstromgeneratoren vorgesehen ist, entfallen.
Ohne Diode entladen sich die Akkus zum Generator hin. Damit die wertvolle Spannung erhalten bleibt, ist eine Schottkydiode zu empfehlen

4

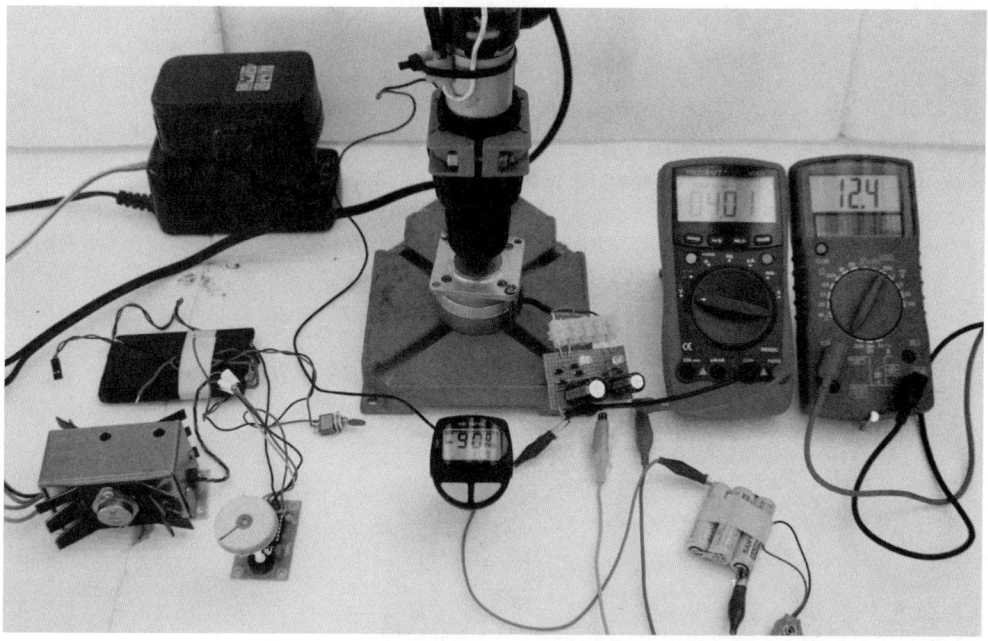

Abb. 4.10 Foto Messaufbau "Motorenprüfstand"
Meine Testanlage besteht aus einem ausgeschlachteten Akkuschraubermotor, eingespannt in einem alten Bohrmaschinenständer. Die Drehzahlregelung stammt aus dem Modellbau, ein elektronischer Fahrtregler angesteuert von einem Servotester. Die Drehzahlmessung und -Überwachung geschieht mit einem am Spannfutter des Akkuschraubermotors befestigtem Magneten und einem Sensor am Bohrständer sowie einem Fahrradtacho in Einstellung Umdrehungen pro Minute. Das Ganze hört sich vielleicht ein bisschen kompliziert an, es sind halt alles Teile aus dem Fundus und so brauchte dazu nicht erst was neu gekauft werden. Außerdem gehen die Teile nach ausführlichen Testreihen wieder in ihre ursprüngliche oder eine neue Verwendung zurück. Eure Testanlage hat somit auch wieder einen ganz eigenen, eben Euren Flair. Mit einer kleinen Schraubzwinge oder einem Spannschloss kann z.B. mit dem "Gashebel" des Akkuschraubers die Drehzahl eingestellt werden.

dungsflansche eingespannt werden kann. Erst wenn die Generatorachse eingespannt ist, wird der Generatorkörper gegen Verdrehen eingespannt.

Die im Wind enthaltene Energie steigt mit der dritten Potenz bei ansteigender Windgeschwindigkeit. Elektrische Maschinen, also hier unser Generator, haben aber nur in einem bestimmten Bereich ihren optimalen Arbeitspunkt und guten Wirkungsgrad. Da-

her ist es sinnvoll, den leistungsstärksten Drehzahlbereich mit dem üblicherweise zu erwartenden Drehzahlbereich des Windgenerators abzustimmen.

Anbei eine kleine Auswahl an Protokollen von Messanordnungen. Erstellt mit Messinstrumenten, wie digitalem Voltmeter und digitalem Amperemeter mit Bereich 200 mA:

4

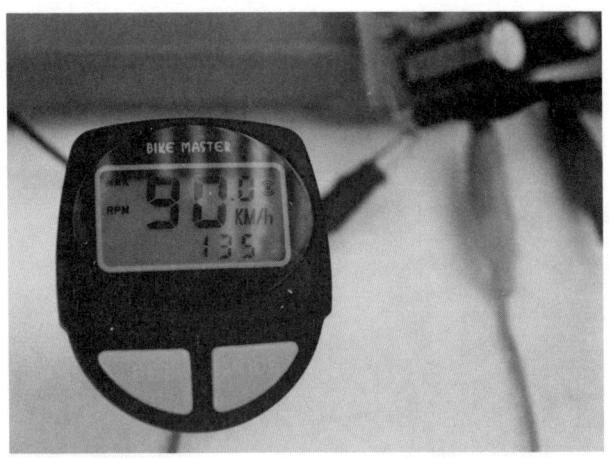

Abb. 4.11 Fahrradtacho im Bereich RPM, d.h. Umdrehung pro Minute. Die Anzeige ist im unteren Drittel mit 135 U/min angezeigt.

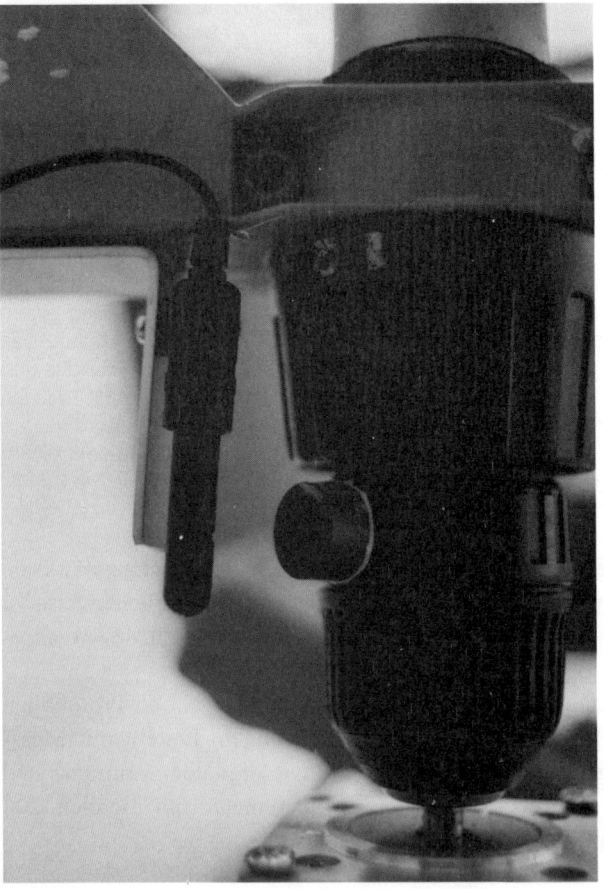

Abb. 4.11 und 4.11a Foto Details Motorenprüfstand
Ein am Spannfutter mit doppelseitigem Klebeband befestigter Dauermagnet schaltet den Fahrradtachosensor.
Dieser ist mit einem Alublechwinkel und doppelseitigem Klebeband an dem Bohrständer befestigt.
Unten ist der eingespannte Schrittmotor zu sehen.

Messanordnung 1
Schrittmotor 2-String, 3 NiCd-Zellen halbvoll

U/min	Ladespannung, V	Ladestrom, mA
100	4,08	15,1
150	4,29	59,0
200	4,59	102
250	4,84	144
300	5,11	172
350	5,30	198

Messanordnung 2
Schrittmotor 2-String, 5 NiCd-Zellen, leer

U/min	Ladespannung, V	Ladestrom, mA
100	5,4	0
150	5,61	16,9
200	6,10	50
250	6,53	98,5
300	6,65	126,1
350	6,77	162
400	7,10	179

Messanordnung 3
Maxon Glockenankermotor, 1 NiCd-Zelle halbvoll

U/min	Ladespannung, V	Ladestrom, mA
300	1,31	0
350	1,33	0,5
400	1,35	2,5
450	1,42	7,3
500	1,48	12,1
550	1,50	18,5
600	1,53	34,0

Die Zahlen sprechen für sich. Der Schrittmotor kann direkt mit einem Flügelrepeller mit guten Lademöglichkeiten eingesetzt werden. Der Glockenankermotor
braucht auf jeden Fall eine Übersetzung,
um in den nutzbaren Drehzahlbereich zu
kommen.

4

4.4 Westernrad mit Fahrradteilen

Wieder einmal finden wir in der Fahrradfelge eine wunderbare Möglichkeit, das We-
stern-Windrad aufzubauen. Das Lager und
die Achse mit Befestigungsbolzen sind vorhanden.

Die Speichen geben uns diesmal sogar die
Möglichkeit daran die Windflügel zu befe-
stigen.

Je nach geplanter Größe des Windrades
wählen wir eine entsprechende Fahrradfelge.
Der hier auf den Fotos beispielhaft vorgestellte Westernrotor wurde mit einer 28 Zoll
Fahrradfelge mit 36 Speichen realisiert.
Jeweils ein Paar Speichen werden für die
Befestigung eines Windradflügels verwendet. In Nabennähe gibt die entstehende
Fläche zwischen den Speichen einen Winkel von ca. 35°, außen am Felgenrand ist
die entstehende Fläche fast parallel zur Felge. Somit ideal für den Windradflügel. Damit gibt es 9 Windflügel und jeweils ein
weiteres Paar unbenutzte Speichen zwischen den Flügeln. Die Fläche für die
Windradflügel kann z.B. mit Stoff bespannt
werden. Eine einfachere Variante ist, Sperr-
holzbrettchen (wasserfestes Sperrholz) oder
Zinkblech oder Aluminiumblech in die
Speichenzwischenräume einzumontieren.
Für den Windradflügel habe ich ein dünnes
Aluminiumblech verwendet. Das Blech
stammt von Offsetplatten wie sie in Drucke-
reien verwendet werden. Nach deren Gebrauch als Druckträger, werden diese dem

4

Abb.4.12 Foto Detail mit Speichen und Windflügel, ausgestattet mit Windflügel aus Alu-Offsetplatten, zunächst (im Experimentierstadium) provisorisch mit Klebeband befestigt.

Altmetallhandel zugeführt. Normalerweise ist es einfach, einige solcher Platten, meist sogar umsonst bei Nachfrage in der Druckerei, zu bekommen. Sagt was ihr damit vorhabt, denn es gibt schon so Zeitgenossen, die mit den Offsetplatten ihre Dächer decken und das mag dann die Druckerei verständlicherweise nicht so. Der Windradflügel kann von der Fläche her gerade oder aber, was besser ist, in einem leicht durchgebogenen Profil sein. Wie in 3.5 beschrieben, entsteht der Auftrieb am Windradflügel dadurch, dass der Weg für den Wind hintenrum (gewölbte Seite) länger ist als vorne. Daher wird der Wirkungsgrad des Windra-

des verbessert, wenn die Windradflügel profiliert bzw. gewölbt sind. Je gewölbter desto langsamer und Drehmomentstärker läuft das Windrad. Je flacher desto schneller, usw. Windtechnisch optimiert sollten die Flügel in Nabennähe steiler und in Felgennähe (außen) flacher ausgebildet sein. Die Nabenanordnung kommt diesem Anliegen in idealer Weise nach.

Die Abmessungen des Windradflügels erhaltet Ihr durch Auflegen eines Pappstreifens (in meinem Fall 27 cm lang, an der schmalen Felgenaußenseite 6 cm breit und an der breiten Felgeninnenseite 9 cm breit) auf das Speichenpaar. Der Pappstreifen wird leicht

Abb. 4.13 Foto Fahrradnabe mit 2 Glockenanker-Generatoren

Abb. 4.13 a

gebogen und an den äußeren Rändern, vorgegeben durch die Speichen, kann dann das exakte Maß angezeichnet werden. Die Schablonenmaße werden dann auf die Offsetplatte übertragen. Zusätzlich gibt es noch auf jeder Seite 3 Laschen, womit das Blech mit Hilfe von Musterklammern (verwendet für das Verschließen von Briefumschlägen) an den Speichen befestigt wird. Das Alublech der Offsetplatte lässt sich klasse bearbeiten. Der äußere Rand wird mit einem Teppichbodenmesser angeritzt und kann dann durch hin und her biegen gebrochen werden. Biegekanten dürfen, wie wir das von der Bearbeitung von Pappe gewohnt sind, nicht angeritzt werden, weil sie sonst ebenfalls beim Biegen abbrechen würden. Vorsicht, die Blechkanten sind scharf!

4

Abb. 4.14 Foto mit Vorderradgabel. Die Rohransätze stammen von einem Damenfahrrad. Das Drehlager kann daran z.B. an einem Mast befestigt werden.

Die ausgetrennten Windradflügelflächen werden über ein Stück Rundholz durch querseitiges hin- und herwippen leicht gerundet (in Nabennähe mehr, in Felgenrandnähe sehr wenig) und können dann mit den Laschen und den Musterklammern oder mit Nieten an den Speichen befestigt werden. Für die Verwendung des Windrades bei sehr starkem Wind sollte das Blech doppelt genommen und vernietet oder mit Zwei-Komponentenkleber verklebt werden.

Die mechanische Energie kann entweder durch einen eingebauten Nabendynamo,

durch einen oder mehrere der preiswerteren Speichendynamos oder durch Abnahme mit Ritzel und Fahrradkette mechanisch zum Verbraucher geleitet werden. Soll die Energie mit einem normalen Fahrraddynamo abgenommen werden, so sind der Mantel und Schlauch aufgepumpt auf der Felge zu belassen. Möglich aber problematisch, da das Windrad dadurch schwerer wird und es mehr Wind braucht bis die höhere Schwungmasse anläuft. Wenn es dann aber läuft, wirkt die Schwungmasse nach.

Im Beispiel wurde nur die Felge verwendet. Ein Kunststoffzahnrad, exakt zentrisch, mit Zwei-Komponentenkleber auf den Felgenrand geklebt und 2 Kleingeneratoren (Glockenankermotoren) mit Ritzel auf der Windfahnenstange befestigt. Es könnten auch derer 4 Stück angebracht werden und je nach Windaufkommen zugeschaltet werden.

Die Ausrichtung der Kleingeneratoren mit deren Ritzel auf das große Zahnrad ist nicht so ganz einfach, daher folgender Trick:

Zunächst wird gut flüssiger Heißkleber auf die zu befestigende Basis aufgetragen, dann werden die Kleingeneratoren, am besten mit Winkel oder Metallprofil versehen, in den Heißkleber gedrückt, sodass Abstand und Zahnradkontakt optimal, sind und dann bitte warten bis der Kleber fest ist. Natürlich dürft Ihr nicht glauben, dass damit die Sache gegessen ist. Denn der Heißkleber taugt zum dauerhaften Kleben nicht! Jetzt kann das Ganze wieder gelöst werden und entweder mit Kontaktkleber verklebt oder anständig mit Winkel usw. unter Zuhilfenahme der Heißklebeformteile verschraubt werden.

Des Weiteren können wir wunderbar die abgesägte Lenkstange, Vorderradgabel und

4

Abb. 4.15 Foto Windfahne aus wasserfestem Sperrholz

das Lenklager als horizontales Drehlager für das Westernwindrad einsetzen.

Die Windfahne, damit das Windrad optimal zur Windrichtung ausgerichtet wird, habe ich mit Aluprofilen vom Antennenschrott und einem Stück wasserfester Sperrholzplatte realisiert. Je länger, d.h. je weiter nach hinten vom Windrad weg, die Windfahne ist, desto mehr pendelt das Windrad hin und her. Nun ist es beim Westernrad eh so, dass sich das Rad zum Teil schon durch die Flügel ausrichtet, trotzdem ist die Windfahne sinnvoll und wichtig. Die Faustregel besagt, das Maß vom Durchmesser des Windrades sollte

auch für den Abstand der Windfahne zum Windrad genommen werden.

Das so erstellte Windrad macht viel Freude, läuft schon bei geringer Windgeschwindigkeit an und ist, was die Windarten anbelangt, sehr gutmütig.

4.5 Flügelrotor mit Selbstbaurepeller

Flügelrotoren sind die am schnellsten laufenden Windräder (und auch diejenigen mit dem höchstem Wirkungsgrad!) und deshalb

4

auch gut geeignet zum Direktantrieb (direkt auf der Achse) auf elektrischen Kleinmaschinen, wie z.B. Permanentgeneratoren oder Schrittmotoren.

Da es sich hier um ein vertikallaufendes Windrad handelt, braucht es hier wieder eine Windfahne und ein Drehlager. Beides wurde bereits schon im Kapitel 4.4 beschrieben und kann hier entsprechend abgewandelt übernommen werden. Das Drehlager besteht hier aus einer Buchse, wie sie für Potentiometerachsen verwendet wird oder es gehen auch sog. Bundbuchsen, wie sie für Lagerung von Getriebewellen usw. verwendet werden (Modellbau). Die Achse oberhalb der Buchse sollte gesplintet werden, damit das Windrad nicht abheben kann.

Da die Flügelspitzen hohe Geschwindigkeiten erreichen, ist beim Betrieb und auch beim Experimentieren Vorsicht geboten! Auch ist es unbedingt sinnvoll, vor einem Starkwind oder Sturm daran zu denken, was denn in so einem Fall unternommen werden kann, um das Windrad stillzulegen oder aus dem Wind zu nehmen. Im Buch "Einfälle statt Abfälle" (siehe Literaturhin-

weise) werden hierzu Lösungen angeboten, das Windrad über eine zusätzliche Funktion der Windfahne aus dem Wind zu nehmen.

Eine andere Möglichkeit besteht darin, die Sturmsicherung über einen Seilzug von unten zu erreichen. Entweder durch eine Trommelbremse vom Fahrrad oder durch ein Rausdrehen aus der Windrichtung, z.B. durch Kippen des kompletten Windrades nach oben (Helikoptersicherung), sodass der Repeller in die Waagerechte kommt.

4.5.1 Zweiblatt-Repeller

Je nach Profil der schnellste Drehflügler. Die Theorie sagt, je weniger Flügel, desto größer der Wirkungsgrad, da weniger Masse bewegt werden muss und der Luftwiderstand geringer ist.

Es werden 2 mögliche Ausführungen für die Herstellung des Repellerblattes vorgestellt. Die Erste, aus Plastikrohr, ist schnell bearbeitet und ganz brauchbar.

Die Zweite, mit Metall, ist gut um Versuche zu machen, damit lässt sich auch der

Abb. 4.16 Foto Repeller aus Plastikrohr

Abb. 4.17 Holzrepeller, Windrad

Dreiblatt-Repeller am einfachsten herstellen.

Es gibt auch noch eine dritte Variante, aufwendig aus Buchenholz, aber enorm leistungsfähig. Diese findet Ihr auch in dem Buch "Einfälle statt Abfälle" hervorragend und bis in das Detail beschrieben. Hier zumindestens ein Foto des Holzrepellers und des kompletten Windrades, das ich mit einer Jugendgruppe zusammen gebaut und mit viel Spaß ausprobiert habe. Der Generator ist ein Uraltfahrraddynamo und dank des gut profilierten Repellers läuft das Windrad sehr schnell und mit dem Dynamo wird eine kleine Glühbirne betrieben.

Die Bearbeitung des Repeller-Profils ist aber schon etwas für Leute mit viel Ausdauer und Geduld.

4.5.1.1 Ausführung des Repellerblattes, Kunststoffrohr

Eine einfache und preiswerte Möglichkeit, sich selber ein Repeller-Profil herzustellen, ist die Verwendung von Kunststoffrohren. Die für den Auftrieb förderliche Wölbung ist hier schon vorhanden. Und es gibt für unterschiedliche Anwendungen die Mög-

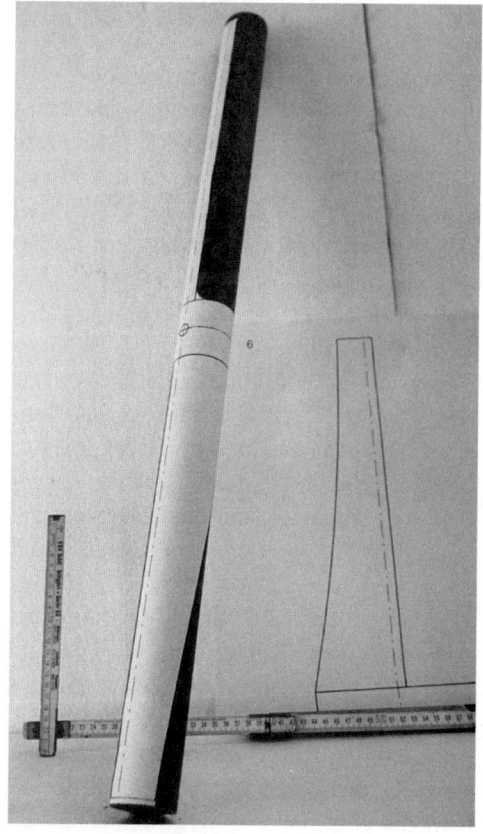

Abb. 4.18 Foto Plastikrohr 50 mm, mit aufgeklebter Schablone

4

Abb. Foto 4.19 Windrad mit Schrittmotor und Anlaufhilfe aus Aluminiumblech

lichkeit, durch Auswahl eines entsprechenden Rohres, Repeller- Flügel bis über 2 m mit geringem Aufwand anzufertigen. Das Windrad läuft sehr gut an, da die Flügel leicht sind. Ein Problem bei PVC-Rohren könnte über Jahre werden, dass der Kunststoff durch das UV-Licht (aus der Sonne) mürbe wird. Abhilfe hier ist ein Anstrich des Repellers mit einer kunststoffvergüteten Dispersionsfarbe (vorher aufrauhen). Das etwas teurere Dachrinnenfallrohr ist ebenfalls einigermaßen witterungsbeständig.

Die im Kapitel 10 dieses Buches ausgedruckte Schablone kann herauskopiert und je nach Größe des Repellers, entsprechend der aufgeführten Faktoren, mit dem Kopierer oder mit Scanner und Computer vergrößert werden. Bei großen Werkstücken kann die Form auch anhand der angegebenen Maße übertragen werden.

Auf dem Kunststoffrohr ist eine Hilfslinie parallel zum Rand aufzuzeichnen. Dann wird die entsprechend vergrößerte Papierschablone ausgeschnitten und deren strichpunktierte Linie auf der Hilfslinie ausge-

richtet. Die Papierschablone kann mit Tapetenkleister oder Grafikkleber (wie Fixogum) auf das Plastikrohr geklebt werden.

Je nach Durchmesser und Wanddicke des Plastikrohres wird das Repeller-Profil ausgeschnitten. Beim dünnen Elektrikerrohr (18 mm) reicht ein sehr scharfes Messer. Zuerst ein dünner Ritz entlang der Schablonenlinien, dann vorsichtig immer tiefer in diesem Ritz bis die Wandung durchgeschnitten ist. Vorsicht, nicht abrutschen, sonst geht es in die Hand!

Beim dickeren Abwasser- oder Regenfallrohr ist es sehr praktisch, das Profil mit einer Stichsäge auszusägen. Beim DN 40- und DN 50-Rohr muss das Stichsägeblatt etwas gekürzt werden (mit Flachzange am Schleifbock anschleifen und abbrechen), damit es nicht auf der gegenüberliegenden Rohrwand anstößt. Oder Ihr nehmt ein bereits bei anderen Arbeiten abgebrochenes Stichsägeblatt.

Ist das Rohr ausgeschnitten, werden die Schnittflächen mit Messer, Feile und Schmirgelpapier entgratet. Entsprechend der Generatorachse wird in Repellermitte das Nabenloch gebohrt und der Repeller ausbalanciert. Zunächst wird die Bohrung etwas kleiner als die Generatorachse und passend zu dem Achsstück gewählt. Das Ausbalancieren geht gut mit einem Stück Metallachse oder einem abgezwickten Nagel, in eine Holzlatte geklebt oder genagelt, die Holzlatte eingespannt im Schraubstock. Sind beide Seiten unterschiedlich schwer, wird an dem schwereren der Enden des Repellers ein wenig abgetragen, bis das Repellerblatt von selbst genau in die Waage geht. Da das Kunststoffblatt sehr leicht ist, müssen evtl. zu beiden Seiten im gleichen Abstand, gleich schwere Gewichte angehängt werden, um die Waagefunktion zu verstärken.

Handelt es sich bei dem Generator um eine Gleichstrommaschine, so kann das Repellerblatt entsprechend 4.5.1.3 montiert und durch Anlegen einer entsprechenden Gleichstromspannung gleich ausprobiert werden, ob sich das Repellerblatt ohne Unwucht dreht.

Für diesen Windradtyp eignet sich ein Schrittmotor sehr gut.

4.5.1.2 Ausführung des Repellerblattes, Metall

Im Kapitel 10 gibt es ebenfalls eine Schablone für das Metall-Repellerblatt. Auch dieses kann je nach Repellergröße entsprechend im Kopierer oder mit Scanner und Computer vergrößert werden. Die ausgeschnittene Schablone wird auf das Blech aufgeklebt und dann wird der Umriss angezeichnet.

Das Metallblatt kann je nach Größe und Dicke des Bleches mit der Blechschere aus 2-3 mm Blech ausgeschnitten werden, bei dickeren Blechen ist es mit der Stichsäge einfacher. Damit das Blech nicht zu stark vibriert, ist es hilfreich, gleichzeitig mit dem Blech ein Stück dünnes Sperrholz, das auf das Blech gelegt wurde, durchzusägen.

Die Flügel lassen sich gut aus Aluminiumblech anfertigen. Gebogen werden sie über gerundete Holzleisten, mit beiden Händen darüber ziehen und hin und her walken. Verschraubt mit Flachaluminium z.B. an die Felge von einem ehemaligen! Kinderfahr-

Abb. Foto 4.20 Repellerblatt aus Metall
Bei dem im Bild gezeigten Dreiblattrepeller handelt es sich um einen Bausatz der Firma Thümler GmbH. Das Windrad hat einen Durchmesser von 90 cm, hat seine Nenndrehzahl bei 5m/s mit 500 U/min. Die Stromgewinnung wird mit 2 normalen Dynamos realisiert. Die Reibrolle hinter dem Windrad wird bei entsprechendem Winddruck an die Dynamos angedrückt. Ein raffiniertes System, mit dem 12-V-Akkus geladen werden können. Problematisch ist ein wenig die Lautstärke und die Abnutzung der Reibradübersetzung. Gut ist die automatische Sturmsicherung, bei der das Windrad ab 13 m/s mittels der über eine Feder gesteuerten Windfahne aus dem Wind gedreht wird.

4

rad. Oder aber auf eine runde Holzscheibe aus wasserfestem Sperrholz.

4.5.1.3 Repeller-Befestigung auf der Motorachse

Bei dem 18 mm dünnen Elektrikerrohr bohren wir entsprechend der Generatorachse genau mittig im Repellerblatt ein Loch, stecken die Achse durch und kleben die Achse einfach mit Zweikomponentenkleber ein. Bei den dickeren Rohren ab DN 40, d.h. mit 40 mm Durchmesser, geht das nicht mehr so leicht, da die Generatorachse meist kürzer als der Durchmesser des Rohres wie z.B. 40mm ist und damit nicht mehr durchgesteckt werden kann. Hier braucht es besondere Lösungen, auch um den Repeller lotrecht zu montieren.

Auch ist es sinnvoll, die Befestigung gleich mit der in 4.5.1.4 beschriebenen Anlaufhilfe zu kombinieren.

Gut geeignet sind z.B. Zahnräder aus Metallbaukästen mit Madenschraube und Befestigungsbohrungen auf der Fläche des Zahnrades. Die Bohrungen des Zahnrades und der Anlaufhilfe werden aufeinander abgestimmt. Die Zahnräder und die Anlaufhilfe können nacheinander über ein rundes Holz vorsichtig entsprechend des Rohrradius gebogen werden. Anschließend werden die Bohrungen mittig auf den Repellerflügel übertragen und montiert. Durch behutsames Biegen kann das Ganze dann noch etwas gerade gerückt werden.

Eine andere Möglichkeit besteht darin, die Rohrwölbung durch eine mit der Raspel konkav bearbeitete Holzscheibe auszugleichen und dann Zahnrad oder Gleichwertiges zusammen mit der Anlaufhilfe wie vorhin zu montieren.

Abb. 4.21 Foto Befestigung des Repellers auf der Generatorachse mit einem Messingzahnrad

4.5.1.4 Anlaufhilfe

Wichtig für ein gutes Funktionieren des Windrades ist die Ausstattung mit einer Anlaufhilfe.

Die Anlaufhilfe in Nabennähe trägt dazu bei, dass das Windrad bei wenig Wind zunächst einmal überhaupt anläuft. Mit der großen schrägen Fläche wird für den unteren Drehzahlbereich ein guter Drehmoment erreicht. Bei höheren Drehzahlen kommt es dann mehr auf die äußere Blattausbildung an und die Anlaufhilfe wird quasi überrundet und stört dabei nicht.

Ein weiterer guter Nebeneffekt ist, dass die Anlaufhilfe auch als Ausgleich für den Massenträgheitsmoment dient.

Im Kapitel 10 gibt es ebenfalls eine Schablone für die Anlaufhilfe. Auch diese kann je nach Repellergröße und damit Rohrdurchmesser entsprechend der Tabelle angefertigt oder im Kopierer oder mit Scanner und Computer vergrößert werden. Wie bei der Repellerherstellung auf das Blech aufkleben und den Umriss anzeichnen bzw. die Bohrungen mit einem Spitz markieren.

Die Anlaufhilfe kann im Prinzip mit der Blechschere aus 2-3 mm Blech ausgeschnitten werden. Die Ausbuchtungen zwischen den Maßen C+D können vor dem Ausschneiden gebohrt werden. Wenn der Abstand größer wird, als dies mit einem normalen Bohrer zu bewerkstelligen ist, werden z.B. zwei Löcher nebeneinander gebohrt. Bei dickeren Blechen ist es einfacher, die Anlaufhilfe mit der Stichsäge auszusägen. Damit das Blech nicht zu stark vibriert, ist es hilfreich, gleichzeitig mit dem Blech ein Stück dünnes Sperrholz, welches auf das Blech gelegt wurde, durchzusägen.

Gut geeignet für die Anlaufhilfe sind Alubleche (z.B. von ehemaligen Gehäusen), diese lassen sich gut bearbeiten und rosten nicht.

Zusätzlich zur mechanischen Anlaufhilfe kann die Elektronik noch weiter dazu beitragen, dass das Windrad gut in Schwung kommt. Mit einer wie in 6.2.2 beschriebenen Einschaltelektronik wird der das Windrad belastende Verbraucher erst zugeschaltet, wenn das Windrad schon gut in Schwung ist.

Abb. 4.22 Foto Anlaufhilfe aus Aluminium. Aufgeschraubt auf das Messingzahnrad und an dem Kunststoffrohr

4

4.5.2 Dreiblatt-Repeller

Im Prinzip wie der Zweiblatt-Repeller, nur mit drei Flügelhälften. Vorteile: mehr Drehmoment, günstiger bei windschwächeren Gebieten, läuft besser an. Da der Dreiflügler besser anläuft, ist eine zusätzliche Anlaufhilfe nicht so unbedingt erforderlich. Auch ist der Massenträgheitsmoment durch die drei Flügel besser verteilt.

Der Dreiblatt-Repeller hat einen geringfügig schwächeren Wirkungsgrad und geringere Drehzahlen als der Zweiblatt-Repeller. Weiterer Vorteil: bei der Ausführung als Dreiblatt- Holzrepeller braucht es kürzere Rohwerkstücke, sprich Kunststoffrohre, Metallbleche oder Holzleisten. Dies wird interessant bei Windrädern mit größerem Durchmesser.

Grundsätzlich ist die Nabe und die Befestigung auf der Generatorachse etwas aufwendiger, da hier alle drei Flügelstücke zusammengefasst werden müssen.

Bauschritte:

Die Schablone wird wie beim Zweiblatt-Repeller vergrößert, ausgeschnitten und aufgeklebt, nur sind es eben drei halbe Repeller. Die Enden, da wo das Kunststoffrohr noch unausgesägt bleibt, sind für die Nabenbefestigung länger zu belassen. Am Stoß (an den inneren Enden) der drei Hälften sind die Rohre spitzwinkelig mit je 120° so abzusägen, dass die drei Rohre quasi auf Gehrung mit PVC-Kleber passgenau zusammengefügt werden können. Vorsicht, die Repellerebene beachten!). Um diese Konstruktion zu stabilisieren, ist es gut, vor und hinter den Rohren jeweils eine Holzscheibe aus wasserfestem Sperrholz zusammen mit den Flügelstutzen zu verschrauben. Vorher ist zu prüfen, ob die drei Flügel einen gleichmäßigen Abstand zueinander haben. Dies geht durch Ausmessen der Abstände von Spitze Repellerblatt zu Spitze Repellerblatt.

Beim Metallblatt-Windrad wird ebenfalls die Schablone kopiert und vergrößert und auf ein geeignetes Blech übertragen und das Blatt ausgeschnitten oder ausgesägt. Dann entsprechend profiliert, entgratet und verschliffen. Das Zusammenbringen der drei Blätter ist hier einfacher, vorausgesetzt, es gibt eine Möglichkeit, dass die Generatorachse ein Gewinde hat oder ein Gewinde auf die Achse geschnitten werden kann. Bei 12-V- oder 24-V-Lüftermotoren gibt es Befestigungen mit Splint oder mit Abschlussgewinde. Alle drei Blätter erhalten ein Loch im Durchmesser des Achsgewindes und werden auf dieses aufgeschraubt- hinten eine Mutter, dann Unterlegscheibe, dann Repellerblätter, dann Unterlegscheibe und obendrauf Spannring und Mutter. Die Abstände der Spitzen werden gemessen und ausgemittelt. Sind die drei Blätter ausgerichtet und die zentrale Mutter festgezogen, dann können sie auch noch untereinander mit kleineren Schrauben fixiert werden. Gibt es keinen Weg zum Achsgewinde, so hilft Folgendes: Eine Gewindeverlängerung wird auf einer Hälfte so ausgebohrt, dass sie auf die Generatorachse passgerecht aufgeschoben werden kann. Wenn die Bohrung sehr knapp ist, vor dem Aufschieben auf die Generatorachse die Gewindeverlängerung erhitzen. Vorher ein entsprechendes Querloch für den Splint bohren. Auf der anderen Seite der Gewindeverlängerung können eine Sechskantschraube und dazwischen die Repeller-Flügel und Unterlegscheiben montiert werden.

Abb. 4.23 Foto Vierblatt-Repeller mit Glockenanker-Generator

Ausbalancieren und Bearbeiten der gröbsten Unwuchten wie beim Zweiblatt-Repeller.

4.5.3 Vierblatt-Repeller

Zu Studienzwecken noch ein einfach zu realisierendes Modell mit Holz. Auf eine runde Sperrholscheibe (wasserfestes Sperrholz) mit mittigem Generatorachsenloch werden alle 90° vier Holzkeile mit ca. 20° Schräge aufgeleimt. Diese dienen später zum Anschrauben und Anleimen der Windradflügel aus wasserfestem Sperrholz oder Blech. Diese Art eignet sich gut für Kleingeneratoren, z.B. um eine helle Leuchtdiode zu betreiben. Eigentlich ist es ein Zwischending von Westernrad und Flügelrotor. So wie es hier aufgebaut wurde, ist es auf jeden Fall ein Widerstandsläufer. Mit entsprechend gebogenen Blechen kann es zu einem Auftriebswindrad frisiert werden.

4.6 Savonius-Rotoren

4.6.1 Zweistufige Savonius-Rotoren

Zweistufig heißt, dass jeweils 2 Rotorhalbschalen mit um 90° versetzten Flügelanordnungen aufgebaut werden. Dadurch gibt es sehr gute Anlaufeigenschaften, da immer eine offene Schale vom Wind ergriffen wird.

Modellaufbau mit in der Mitte durchgetrennten Joghurtbechern.

Der Abstand zwischen den Halbschalen sollte ca. 20 % betragen und falls eine durchgehende Achse verwendet wird, sollte diese nicht zu dick sein. Im vorliegenden Fall habe ich dazu eine M4-Gewindestange verwendet. Diese hat den Vorteil, dass mit Muttern und Unterlegscheiben die Zwischenräume der Halbschalen variiert und fixiert werden können.

Für den Bastler ist das Savonius-Prinzip enorm preiswert und unkompliziert und es gibt gute, preiswerte Verwendungsmöglichkeiten. Es können Büchsen, Becher, Rohre, Fässer und jegliche Art von runden Behältern, die sich in der Mitte durchtrennen lassen, oder andere Arten von Halbschalen verwendet werden. Gut ist es, auf die Bearbeitungsmöglichkeiten zu achten, so können z.B. Joghurtbecher einfach mit dem Cutter getrennt werden, bei Büchsen braucht es eine Blechschere und Vorsicht, die Kanten können verdammt scharf sein! Und bei Rohren und Fässern geht es gut

4

mit der Stichsäge oder einem Elektrofuchs-schwanz.

Formel zur Berechnung der Abmessungen, ausgehend von den runden Gefäßen:

r = Radius des Gefäßes
D = Durchmesser der Grundplatte
A = Abstand der beiden Halbschalen

r x 3,33 = D
r / 1,5 = A

Für den vibrationsarmen Rundlauf ist es wichtig, eine Unwucht zu vermeiden. An-

sonsten kommt das Gebilde bei bestimmten Drehzahlen heftig in Schwingung, was bei größeren Anordnungen einem kleinen Erdbeben gleichkommen kann. Sinnvoll ist daher auch, oben und unten ein Lager vorzusehen.

Die Grundplatten lassen sich gut aus wasserfestem Sperrholz oder auch aus Plexiglas herstellen.

Um die Rundung exakt zu bekommen, habe ich mir eine Vorrichtung für die Stichsäge gebastelt. In ein quadratisches Brettchen wird im ungefähren Mittelpunkt ein nageldickes Loch gebohrt. Auf dem Stichsägetisch wird ein dünnes Unterlegbrett mit

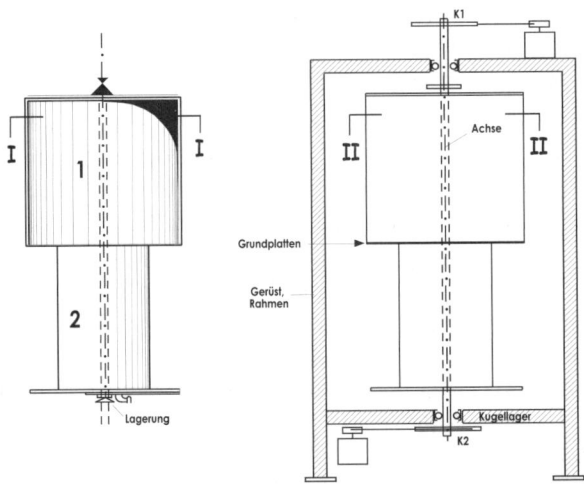

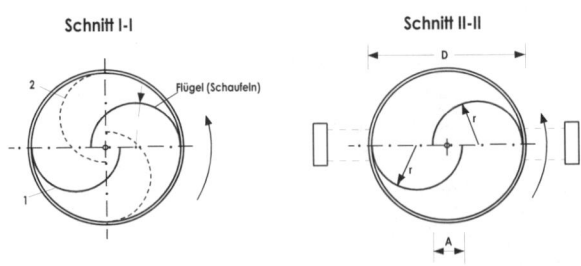

Abb. 4.24 Savonius-Rotor, Ansicht

Abb. 4.25 Savonius-Rotor, Grundriss

4

Abb. 4.26 Foto Erste Montageschritte am großen Savonius-Rotor

Abb. 4.27 Foto Das Savoniusmodell ist dagegen kompakt und handlich

4

doppelseitigem Klebeband befestigt, in das unser Brettchen mit dem Nagel entsprechend des geplanten Durchmessers so justiert und eingeschlagen wird, dass das Brettchen kreisrund entlang des Stichsägeblattes geführt werden kann.

Um mit dem Savonius-Prinzip Versuche machen zu können, ist es sinnvoll, zunächst nicht zu groß anzufangen. Wie auf dem Foto zu sehen ist, wird mit dem kleinen Versuchsaufbau bereits ein Generator angetrieben. Mein Versuchsmodell hat eine Größe von 40 x 45 cm und einen Rotordurchmesser von 20 cm. Die ersten Versuche wurden mit einer kleinen DC-Maschine mit 220 Volt Betriebsspannung, die ich als Restpostenangebot ergattert hatte, gestartet. Durch die hohe Betriebsspannung bringt das Teil bei niedrigen Drehzahlen von 50 bis 100 Umdrehungen pro Minute immerhin schon eine Spannung von ein paar Volt.

Bei größeren Modellen und Anlagen leisten uns wieder Fahrradfelgen gute Dienste. Je nach Größe des Rotors können wir eine 20"-, 26"- oder 28"-Felge verwenden. Die Felgen können gleich als Grundplatten verwendet werden, die Lager sind wetterfest und leichtgängig und die Nabe kann, mit einem entsprechenden Ritzel oder einer Getriebenabe, zum Antrieb von Generator, Wasser- oder Luftpumpe oder sonstigen mechanischen Verbrauchern genutzt werden. Auch ist es möglich, z.B. die untere Felge mit dem normalen Fahrradreifen auszustatten und über eine Reibrolle die Drehkraft vom Reifen abzunehmen (wie beim Fahrrad der Dynamo).

Als Halbschalen für große Savonius-Generatoren eignen sich gut alle möglichen Arten von Flüssigkeitsfässern. Bei ehemaligen Öl- oder Dieselfässern ist zuerst die Flüssigkeit so weit wie möglich zu entfernen und z.B. bei der Tankstelle abzugeben. Ein eventuell kleiner Rest kann bei Metallfässern auch ausgebrannt werden – aber Vorsicht, Diesel brennt zuerst schwierig an und dann wie wahnsinnig. Bei ehemaligen Chemikalienfässern ist erhöhte Vorsicht geboten und wenn der Vertreiber über den ehemaligen Inhalt keine zufrieden stellende Auskunft geben kann sollte man besser die Finger davon lassen. Das Fass wird zuerst halbschalig mittig angezeichnet und kann, dann mit Stichsäge oder Elektrofuchsschwanz ausgesägt werden. Das von mir verwendete blaue Kunststofffass hatte hälftig noch eine sichtbare Naht (von der Herstellung), an der ich es dann auch mit der Stichsäge auseinander gesägt habe. Der profilierte Rand und der Boden stabilisieren die Halbschalen noch nach dem auseinander sägen. Da der Fassrand einen Radius von ca. 30 cm hat, passt eine Felge mit 50 cm Durchmesser (26 Zoll) ganz gut dazu. Schön wäre es ja, wenn nur eine Felge gebraucht würde, aber erstens ist dafür das Felgenlager nicht geeignet und zweitens kommt, selbst bei einem sehr robusten Radlager vom Auto, das Gebilde vom Wind in starke Schwingung. Wenn aber, wie auf dem Foto zu sehen ist, unten und oben eine Fahrradfelge eingebaut wird, so läuft dieser Savonius-Rotor klasse.

Nun ein wenig zum praktischen Aufbau:

Ein zur Verfügung stehendes Fass genau in zwei Hälften z.B. mit der Stichsäge durchsägen. Vorher den Durchmesser ermitteln und damit die passende Fahrradfelge aussuchen.

Dann braucht es einen Metallwinkelbügel zur Montage der Fahrradfelge. Praktisch für allerlei Konstruktionen wie auch dieser sind sog. Nagelbleche, wie sie für Holzkonstruktionen und Dachaufbauten im Hausbau verwendet werden.

Es gibt die verzinkten, 2 mm dicken Bleche in verschiedenen Breiten und Längen, mit in der Hauptsache mehreren 5 mm Löchern versehen. Auch gibt es alle möglichen Ausbildungen von Winkeln und anderen Formteilen. Für die beiden Metallbügel habe ich aus einem 1,2 m langen und 6 cm breiten Nagelblech die erforderlichen Längen mit der Stichsäge herausgesägt, das 8,5-mm-Loch für die Fahrradfelge gebohrt und im Schraubstock zurechtgebogen. Diese Halterung kann dann auf einen ca. 8 x 5 cm Rahmenschenkel mittig montiert werden und die Fahrradfelge mit Unterlegscheiben auf der einen Seite festgeschraubt werden. Mit einer Schraubzwinge den Rahmenschenkel auf unserer Arbeitsplatte festgezurrt und die waagerecht drehbare Basisplatte des Savonius-Rotors ist schon einmal vorhanden.

Jetzt geht es darum, die Fasshalbschalen auf die Felge zu montieren.

Um die beiden Felgen konstruktiv zu verbinden, habe ich eine M8-Gewindestange auf der einen Seite mit einer aufschraubbahren Gewindeverlängerung (Innengewinde außen Sechskant) versehen. Leider passen das Feingewinde von der Fahrradfelge und das

Abb. 4.28 Foto Einstufiger Savonius-Rotor mit Wasserfass im Holzrahmen. Im Montagezustand noch auf dem "Kopf"

4

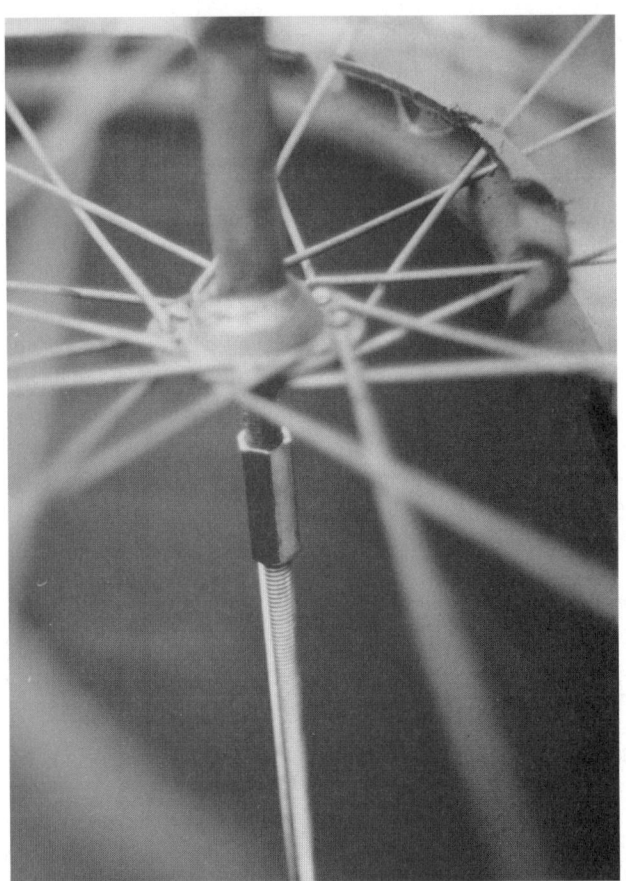

Abb. 4.29 Foto Detail: Die Achse aus der Gewindestange mit aufgeschraubter Gewindeverlängerung

Abb. 4.30 Foto Verzahnung mit Fasshälften und Fahrradfelge. Oben sind ein Teil des Montagerahmens und des Metallbügels zu sehen.

4

Gewinde von der Gewindestange bzw. von der Gewindeverlängerung nicht zusammen. Entweder ihr habt einen entsprechend der Fahrradfelge passenden Gewindeschneider, mit dem das Gewinde der Gewindeverlängerung umgeschnitten wird oder Ihr macht es so wie ich, dass Ihr die Gewindeverlängerung ganz vorsichtig aber gut fest auf das Feingewinde der Fahrradfelge aufschraubt. Für ursprüngliche Fahrrad-Muttern ist das Gewinde damit natürlich hin und Vorsicht – Vorderradfelgen haben einen anderen Gewindedurchmesser als Hinterradfelgen. Das Aufschrauben der Gewindeverlängerung geht nur ein Stück, vielleicht max. 5 mm, aber das reicht für unsere Zwecke auch. Das gleiche tun wir auch bei der zweiten Felge. Die später auf richtige Länge abgeschnittene Gewindestange kann dann wie bei einem Spannschloss verdreht und dadurch der Abstand zwischen den beiden Fahrradfelgen eingestellt werden. Außerdem gibt die noch nicht gekürzte, provisorisch eingeschraubte Gewindestange beim Montieren der Halbschalen eine gute Möglichkeit zur Ausrichtung der Halbschalen. Bevor eine Gewindestange abgesägt wird, ist es praktisch, Muttern auf beide Seiten rechts und links der Sägestelle aufzuschrauben. Mit diesen kann die Gewindestange in den Schraubstock eingespannt werden und nach dem Absägen wird das Gewinde quasi von hinten her wieder gangbar gemacht.

Da die Speichen der Fahrradfelge nicht waagerecht sondern schräg verlaufen, das Fass aber einen waagrechten Rand hat, muss entweder der Rand des Fasses schräg abgesägt werden oder an der Stelle der Speichen Einbuchtungen in den Fassrand hergestellt werden. Diese Art hat den Vor-

teil, dass eine gewisse Verzahnung zwischen Speichen und Fasshälfte stattfindet. Um die Stellen anzeichnen zu können, können die Fasshälften (zuerst eine) provisorisch mit Draht auf die Felge montiert und an der Gewindestange ausgerichtet werden. Auch ist es gut, die Lage der Fasshälfte auf der Felge zu markieren, um nicht nach dem Aussägen dies mühsam wieder herausfinden zu müssen. Passt alles entsprechend, werden die Fasshälften mit aus dünnem Blech angefertigten Schellen und Nieten oder Schrauben an die nächstliegenden Speichen befestigt.

Beim Aufbau der Halbschalen ist auch hier exakt auf Unwuchten zu achten. In geringem Umfang kann der fertige Rotor wie ein Autoreifen ausgewuchtet werden. Dazu wird die Anordnung waagerecht montiert und gedreht. Geht sie immer in einen Punkt, so wird auf der Gegenseite ein Ausgleichsgewicht in Form von Blei oder Eisen zuerst provisorisch und nach Abschluss der Auswuchtungsarbeiten fest angebracht. Das Teil sollte in der Waagerechten rund laufen ohne zu einem Punkt hinzupendeln.

Der Rahmen für das Gebilde kann z.B. aus Kanthölzern, Rahmenschenkeln usw. ,wie auf den Fotos zu sehen ist, angefertigt werden.

4.7 Mechanischer Direktantrieb

Prinzipiell lassen sich fast alle Windräder auch für den mechanischen Direktantrieb verwenden. Schauen wir uns einmal in der Historie um. Angefangen von den ursprünglichen Windmühlen, die zum Mahlen von Korn oder zum Sägen von Holz verwendet

4

wurden, über die vielen Arten von Ölmühlen in Griechenland mit bespannten Rotorblättern, viele Konstruktionen von Westernwindrädern zur Wasserförderung und Teichbelüftungen bis hin zu Wasser pumpenden Savonius-Rotoren. Auch gibt es allerlei nette Spielereien, bei denen, durch ein kleines Windrädchen angetrieben, Fahrradfahrer trebbeln, Vögel flattern und Männchen einen Holzscheit scheinbar durchsägen.

4.7.1 Wasserpumpe

Aufgrund des einfachen Aufbaus und des hohen Drehmoments von Savonius-Rotoren eignen sich diese besonders gut für Direktantriebe wie z.B. zum Antrieb von Wasserpumpen.

Auch ist die Speicherart mit Wasserpumpen eine ideale und verlustarme. So wird immer wenn Wind vorhanden ist, Wasser von einem niedrigeren auf ein höheres Niveau mit Hilfe der Windkraft gepumpt. Wird Wasser gebraucht, kann es mit Hilfe der Schwerkraft entnommen werden oder es kann bei Strombedarf mittels einer Wasserturbine Strom erzeugt und dieser dann verwendet werden.

4.7.1.1 Kreiselpumpen

Im einfachsten Fall kann eine Bohrmaschinenpumpe oder eine ehemalige Waschmaschinenpumpe, bei der der Motor abgebaut wurde, über eine Reibradrolle an den Fahrradreifen mechanisch angekoppelt werden. Vorteil: die für die Förderleistung der Kreiselpumpe sinnvolle Drehzahlübersetzung wird durch das Übersetzungsverhältnis von ca. 1 zu 10 bis 1 zu 15 (je nach Fahrradfelgendurchmesser und Reibrolle) zwischen Reibrolle und Reifen erreicht. Für die Rei-

brolle kann ein breites Zahnrad mit ca. 5 cm Durchmesser (z.B. vom Schrottplatz) mit möglichst kleinem Modul (feine Zahnaufteilung) oder kleineren Rädchen eingesetzt werden.

Auch mit einem Waschmaschinenriemen kann die Übersetzung direkt von der Fahrradfelge auf das jetzt auf die Pumpe montierte Riemenrad übertragen werden. Oder die mechanische Verbindung wird mit Fahrradritzel und Kette verwirklicht. Vom Geräusch her nicht so problematisch, da die erforderlichen Drehzahlen zum Pumpen nicht so hoch sind.

Mit der Bohrmaschinenpumpe lassen sich bei einem guten Preis-/Leistungsverhältnis und einer Übersetzung von 1 zu 5 in etwa folgende Pumpwerte erreichen (abhängig von Pumpentyp):

Rotor-drehzahl U/min	Pumpen-drehzahl U/min	Förder-leistung l/min
25	125	1
100	500	10
200	1000	20

4.7.1.2 Kolbenpumpen

Beim legendären Westernrad ist dazu die Repellerwelle exzentrisch ausgebuchtet und ein im Exzenter eingehängtes, gelagertes Gestänge wird in einem Wasserleitungsrohr direkt zur Kolbenpumpe in das Wasserloch unterhalb des Windradstandortes geführt. Im oberen Drittel des Rohres, unterhalb des Windrades, gibt es ein Abzweig (T-Stück) im Rohr, an dem das geförderte Wasser mit einem Schlauchanschluss entnommen werden kann.

Auch der Savonius-Rotor lässt sich ganz gut für eine Kolbenpumpe einsetzen. Hier muss, ohne eine umständliche Umlenkung oder einen Taumelantrieb aufzubauen, die Pumpe waagerecht an der Savonius-Grundplatte angebracht werden. Dies geht erst unterhalb der vertikalen Achse mit einem an die Grundplatte anmontiertem Gelenk und einem Gestänge, das zur Kolbenpumpe führt.

Die Kolbenpumpe kann sowohl zur Wasserförderung wie auch als Luftpumpe eingesetzt werden. Interessant ist diese Anwendung bei Fischteichen, die belüftet werden müssen. Abgesehen davon, dass es hier meist keinen Stromanschluss gibt, ist die windbetriebene Belüftung gerade im vegetationsarmen und damit sauerstoffarmen Winterwasser für die Teiche eine klasse Sache.

Mit Hilfe einer alten Fahrradpumpe lassen sich einfache Kolbenpumpen selbst anfertigen. Bei älteren Modellen lässt sich der Griff mit dem Kolben herausschrauben. Innen gibt es einen Ring, der beim Herausziehen des Kolbens die Luft durchlässt und beim Hineinschieben den Kolbenraum abdichtet und dadurch die Luft am Ventilstutzen hinausdrückt. Die Luft wird in der Öffnung der Kolbenstange „eingenommen". Um die Fahrradpumpe zum Pumpen von Wasser umzugestalten, muss die Stelle, wo die Kolbenstange aus der Luftpumpe herauskommt, abgedichtet werden und dort in der Nähe eine Bohrung in das Pumpengehäuse vorgenommen und ein weiterer Nippel dicht einmontiert werden. Dadurch kann anstehendes Wasser gepumpt werden. Eine saugende Wirkung hat diese Pumpenkonstruktion noch nicht, dazu braucht es eine weitere Ventilklappe (mit einem Stück Schlauch und Rückschlagventil).

4.7.2 Modellauto

Ein Modellauto mit Flügelrotor hatte ich schon als Bausatz bei der Firma Opitec gesehen und ausprobiert. Ein witziger kleiner Windrenner. Der Nachteil: das Fahrzeug kann nur windrichtungsabhängig gegen den Wind fahren. Daher, und natürlich auch zum Spaß meiner Kinder, habe ich ein Modellfahrzeug mit Savonius-Rotor entwickelt, welches windrichtungsunabhängig fahren kann.

Vielleicht gibt es dieses Fahrzeug bald auch als Bausatz zu kaufen, ich habe es zumindest obiger Firma mal angeboten.

Falls Ihr Lust habt es jetzt schon nachzubauen – die Komponenten sind erfreulich einfach und günstig zu haben.

Das zentrale Element, der Savonius-Rotor, besteht aus Wellpappscheiben als Trägerplatten und mit der Blechschere halbierten Dosen.

Abb. 4.31 Foto Windfahrzeug

4

Abb. 4.32 Foto Windfahrzeug von unten. Zu sehen sind die Antriebsachsen.

Bauanleitung:
Es braucht 3 Wellpappescheiben und 2 Dosen, 3 mm Schweißstäbe, Messinghülsen, Schneckenzahnrad und passendes Zahnrad, Holzleisten und Holzrädchen. Die Spezialteile und auch die entsprechenden Schweißdrähte gibt es z.B. bei Opitec. Aus den Holzleisten wird ein Rahmen gebaut, der groß genug für den Rotor und unten so verlängert ist, dass auch die Querachse des Radantriebes montiert werden kann. Alle 3 mm Achsen laufen in Messinghülsen, die ein Außenmaß von 4 mm und ein Innenmaß von ca. 3,5 mm haben. Die kreisrunden Pappscheiben werden in der Mitte durchgepiekst und ein rechtwinkeliges Kreuz

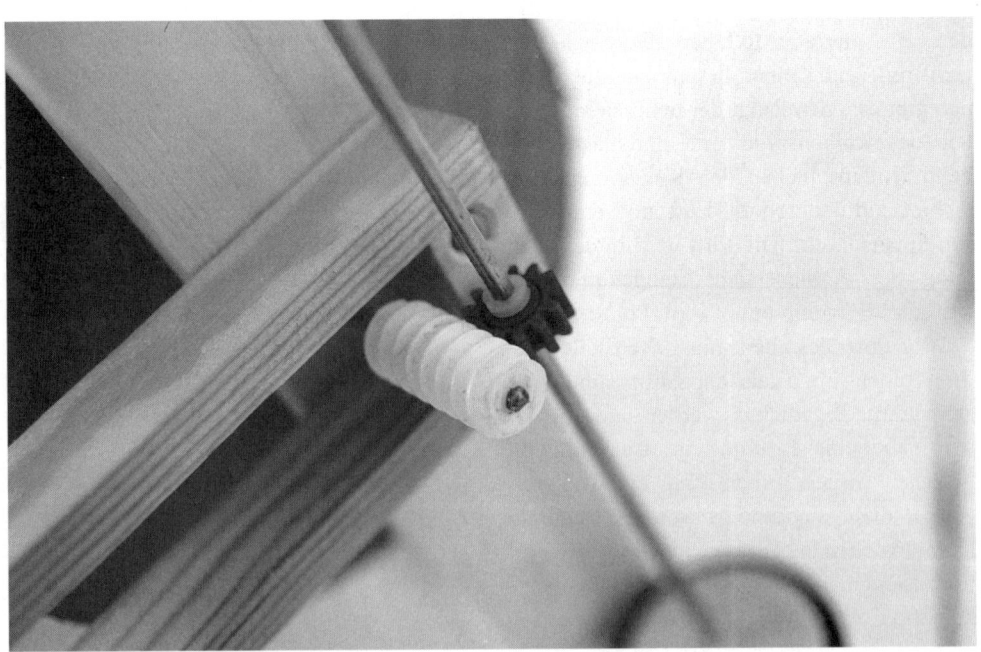

Abb. 4.33 Foto Detail des Antriebssystemes

durch die Mitte aufgezeichnet. Das dient zur Ausrichtung der Halbschalen, die mit Heißkleber auf die Pappscheiben montiert werden. Die oberen und die unteren Halbschalen werden um 90° versetzt montiert. Die Achse wird durchgesteckt und mit aufschiebbaren Klemmteilen und Heißkleber an den Pappscheiben fixiert. Unten wird das Schneckenzahnrad aufgesteckt und im richtigen Abstand das Zahnrad mit der Radachse montiert. Abstandshalter und Holzräder werden montiert. Das dritte Rad wird ebenfalls, wie aus den Fotos ersichtlich ist, mit einer Holzleistenkonstruktion angebaut.

Die weiteren Details sind am besten aus der Konstruktionsskizze und am Foto nachzuvollziehen. Wichtig ist, dass Achsen und Schneckenzahnraduntersetzung leicht laufen. Es hilft ein bisschen Nähmaschinenöl. Ist alles soweit fertig, geht's auf die Straße! Dort können dann, mit mehreren Fahrzeugen, regelrechte Wettrennen veranstaltet werden. Mit entsprechenden Variationen bezüglich der Untersetzung, den Rädchen und dem Savonius-Rotor zeigt sich dann, wer den Windantrieb richtig raus hat.

4

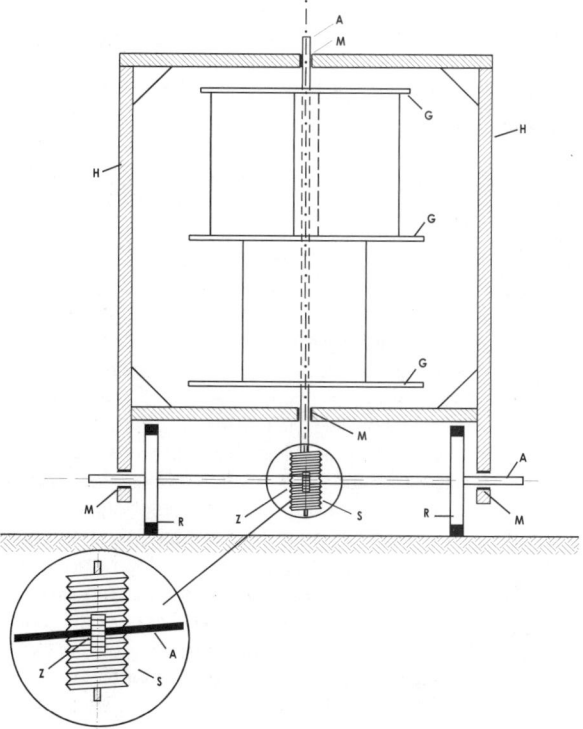

Bezeichnungen der Elemente:

A = Achse
M = Messinghülse
S = Schneckenzahnrad
Z = Stirnzahnrad
R = Räder
G = Grundplatten
H = Holzleistenrahmen

Abb. 4.34 Konstruktionsprinzip Windfahrzeug.

Ladetechnik und Lade-überwachung

5.1 Ladezustands-anzeigen

Das Laden von Akkus mit Sonnen- oder Windenergie ist schon eine feine Sache, noch besser ist es, wenn wir wissen, wie viel gerade reingeladen wird und auch wie viel Leistung unser Windrädchen bringt und wie voll die Akkus bereits sind.

Bei einfachen, vom 230-V-Stromnetz gespeisten Akkuladegeräten (z.B. für NiCd-Akkus), geht es nach Zeit, so nach dem Motto "14 Stunden mit 1/10 der Akkukapazität". Daneben gibt es total aufwendige Lademethoden mit Mikrochips und Programmen, die schon auch sehr sinnvoll sind, weil sie die Lade-/Entladeanzahl (Zyklen) der Akkus erhöhen können.

Weiter unten sind einige einfachere Ladeschaltungen aufgeführt, die preiswert und mit wenig Aufwand von Euch realisiert werden können.

Zunächst mal zu den Anzeigen für Spannung und Strom.

5.1.1 Spannung

Wie auch immer die Spannung von Akkus gemessen wird, um den realen Ladezustand darüber zu ermitteln ist es wichtig, die Spannung unter Last zu messen. Viele sog. Batterietestgeräte tun dies leider nicht. Ein parallel zum Messgerät geschaltetes Lämpchen, mit in etwa der Spannung des zu prüfenden Ak-

kus und optimalerweise dem Nennstrom des Akkus gibt eine realistischere Aussage über den Ladezustand des Akkus.

Bei stationären Wind-Anlagen ist es interessant, eine dauerhafte Spannungsanzeige zur Akkuüberwachung vorzusehen. Quasi die Tankanzeige des Akkuspeichers. Digitalmessinstrumente zeigen die Spannung zwar viel exakter an, brauchen aber ihre eigene Stromversorgung, wohingegen Analoginstrumente direkt mit an die zu messende

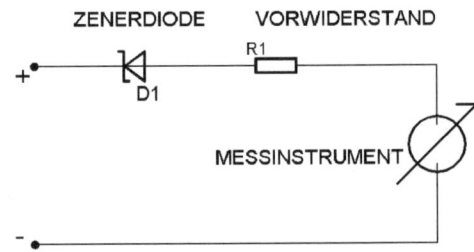

Abb. 5.1 Prinzipschaltbild zum eingeschränkten Spannungsbereich
Die Zenerdiode liegt in Reihe zum Messinstrument. Ein Strom fließt erst, wenn die Zenerspannung (Spannung der Zenerdiode) überschritten wird. Der „Nullpunkt" des Messinstrumentes liegt somit bei der Zenerdiodenspannung. Mit entsprechenden Vorwiderständen oder Trimmpotis erreichen wir die Anpassung an das jeweilige Instrument. Analoginstrumente sind als Restposten preiswert erhältlich, in Formen von z.B. Aussteueranzeigen, Belichtungsanzeigen, Temperaturanzeigen usw. Die Instrumente werden mit ihrer Empfindlichkeit z.B. 500 µA und deren Innenwiderstand z.B. 500 Ohm angegeben.

Spannungsquelle dauerhaft angeschlossen werden können.

Um im gewählten Spannungsbereich die gesamte Skalenbreite des analogen Messinstrumentes nutzen zu können, kann der Anzeigebereich durch eine Zenerdiode verändert, quasi gezoomt, werden. Da besonders gegen Ende der Ladung die Akkuspannung nur noch geringfügig ansteigt und ab Mitte der Entladung ebenso abfällt, ist es sinnvoll diesen Bereich von der Anzeige her genauer anzuschauen (zu vergrößern).

Beispiel:

Da bei einem 12-V-Bleigel-Akku der Bereich von 10 V – 14 V von besonderem Interesse ist, wählen wir eine Zener-Diode von z.B. 9,1 V aus, (Bezeichnung: ZPD 9,1). Damit erhalten wir einen angezeigten Spannungsbereich von 10 V bis 14 V.

5.1.2 Strom

Um den Ladestrom oder auch den Stromverbrauch einer Schaltung zu messen, könnt

Ihr auch ein gekauftes Vielfachmessinstrument verwenden. Für eine Messeinrichtung, die dauerhaft den Ladestrom anzeigen soll, ist es wie bei der Spannungsanzeige sinnvoll, eine Ladestromanzeige selbst zu basteln. In manchen Fällen, wo es nur darum geht "fließt jetzt Ladestrom, oder nicht" , finde ich auch, dass ein Analoginstrument (Zeigerinstrument) einen visuell schneller zu erfassenden Eindruck der Ladesituation gibt, als dies eine digitale Anzeige, bei der ich den Wert erst ablesen muss, tut.

Das Prinzip zeigt Abb. 5.3. Ein Teil des Stromes fließt über den sog. Shuntwiderstand am Instrument vorbei, d.h. das Instrument misst eigentlich die Spannungsdifferenz am Widerstand.

Durch Parallel – oder Reihenschaltung der Widerstände erhalten wir den exakten Widerstandswert oder wir verwenden einen

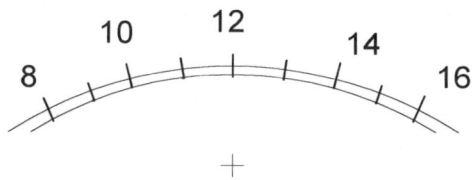

Abb. 5.2 a

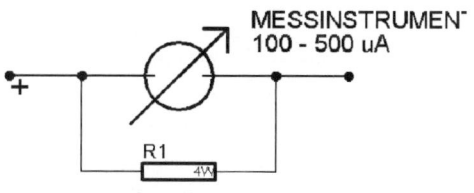

MESSINSTRUMENT 100 - 500 uA

SHUNTWIDERSTAND

Abb. 5.3 Prinzipschaltbild, Shuntwiderstand, Stromanzeige

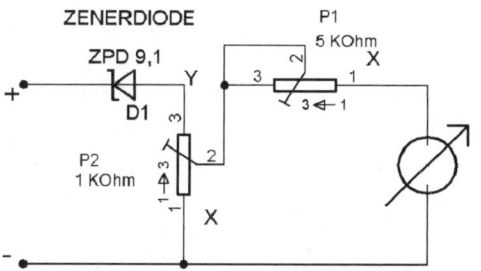

MESSINSTRUMENT 100 - 500 uA

Abb. 5.2 Spannungsanzeige mit eingeschränktem Bereich für die Anzeige von ca. 10-14 V

5

Trimmpotentiometer. Auf jeden Fall muss der Widerstand für die Strombelastung ausreichend bemessen sein. Spannung mal Strom = Wattangabe des Widerstandes. Beispiel: 13 V x 0,3 A = 0,39 W d.h. es ist ein Widerstand von 0,5 Watt erforderlich.

Berechnung bei Parallelschaltung von Widerständen:
Rges = 1/ (1/ R1) + (1/ R2) + (1/ R3)

Wer noch weitere analoge anzeigetechnische Details erfahren will, dem möchte ich „Das kleine Solarwerkbuch", im gleichen Verlag erschienen, empfehlen. Hier ist ein ganzes Kapitel der Gestaltung und Ausführung von Messschaltungen für die Strom- und Spannungsmessung und den damit möglichen Anzeigevarianten gewidmet.

5.1.3 Stromauslösung, Reedkontakt

Eine Möglichkeit, bei einem zu hohen Strom die elektrische Verbindung zu trennen, ist die Verwendung einer Sicherung. Neben Einwegsicherungen, die nach der Auslösung durch eine Neue ersetzt werden müssen, gibt es auch Thermosicherungen, magnetische Sicherungsautomaten und elektronische Schaltungen, die bei entsprechendem Stromfluss die Verbindung trennen.
Eine weitere einfache und pfiffige Variante für Gleichstromanwendungen, ist die Verwendung eines mit Draht umwickelten Reedkontaktes. Wenn durch den Draht Gleichstrom zum Verbraucher fließt, entsteht ein Magnetfeld. Durch entsprechende Dimensionierung wird dadurch der Reedkontakt bei einem bestimmten Strom geschlossen bzw. je nach Kontaktart geöffnet oder umgeschaltet. Damit kann ein Verbraucher getrennt oder eine Warneinrich-

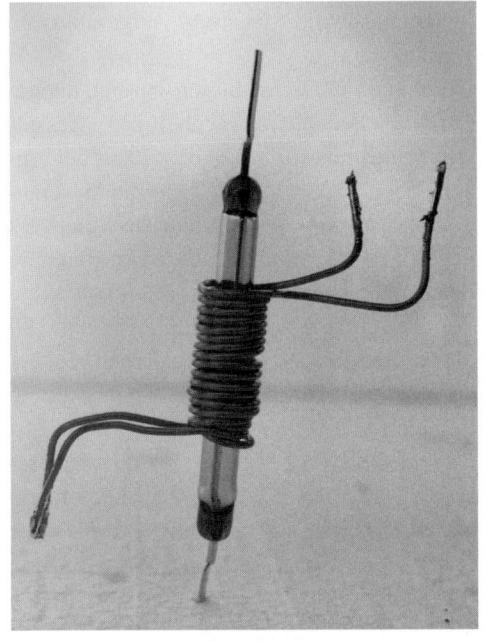

Abb.5.4 Foto, Reedkontakt mit Drahtspule

tung eingeschaltet werden. Ist der Stromfluss reduziert oder abgeschaltet, so fällt der Reedkontakt wieder in den Ausgangs-/Ruhezustand und alles ist wieder wie zu Beginn.
Für meine Experimente habe ich einen größeren Reedkontakt mit 4,5 cm Länge und 5mm Durchmesser verwendet. Diesen mit 1 mm Kupferdraht umwickelt und zwar 2 x 15 Windungen in 2 Lagen auf eine Länge von 1,5 cm verteilt und damit hauptsächlich im Bereich des Schaltkontaktes. Das Ergebnis: mit den 30 Windungen wurde der Kontakt bei einem Stromfluss von 1,5 A und mit der Anzapfung bei 15 Windungen bei 2,4 A Stromdurchfluss geschaltet. Somit hat sich klar gezeigt, dass je weniger Windungen umso mehr Strom fliesen muss, um ein ausreichend magnetisches Feld zur Betätigung des Schaltkontaktes zu erzeugen. Durch Anzap-

fungen alle paar Windungen kann mit Hilfe eines kräftigen Umschalters der für den Kontakt erforderliche Auslösestrom eingestellt werden. Da Akkus mit zunehmender höherer Stromentnahme weniger Kapazität haben, könnte so z.B. eine Warneinrichtung davor warnen, zu viele Gleichstrom-Verbraucher an dem mit Wind- und Solarenergie geladenen Akku zur selben Zeit einzuschalten.

5.2 Laderegler

Im Umgang mit Solar- und Windenergie gibt es folgende Ladereglertypen:

Spannungs- oder Strombegrenzung durch Bauelement:
Bei niedrigen Ladeströmen kann z.B. eine parallel zum Akku geschaltete Zenerdiode die obere Spannung begrenzen. Die überschüssige Spannung wird von der Zenerdiode in Wärme umgewandelt und quasi verbraten. Dazu muss die Belastung der Zenerdiode in Watt dem maximalen Ladestrom entsprechen, sonst brennt die Zenerdiode durch. Etwas eleganter ist die Verwendung einer Elektronikschaltung oder eines Regler-ICs.
Auch kann die Strombegrenzung durch einen Widerstand oder einen Kaltleiter wie z.B. eine Glühbirne erfolgen, die den Ladestrom sehr komfortabel regelt.

Ladezeitregelung:
Mit Hilfe eines Timers wird die Ladezeit voreingestellt. Weiterhin setzt dies voraus, dass der Ladestrom entsprechend der eingestellten Ladezeit begrenzt ist. Dies ist ein übliches Verfahren bei einfachen Ladegeräten zum Laden von Nickelcadmium- oder

NiMH-Akkus. Abgesehen davon, dass der berüchtigte Memory-Effekt bei NiCd-Akkus dabei nicht berücksichtigt wird, ist dies ein für diese Akkutypen sehr brauchbares Verfahren. Der Memory-Effekt schreibt dem Akku quasi ein Gedächtnis zu, das sich an unvollständige Entladung insofern erinnert, als dieses dann, bei der nächsten Entladung die untere Kapazitätsgrenze vorgibt. So wird die nutzbare Kapazität immer weniger und der Akku erweckt den Anschein, kaputt zu sein. Natürlich ist es nicht wirklich ein Gedächtnis, sondern es handelt sich um elektrochemische Prozesse. Verhindert werden kann dieser Effekt, indem die NiCd-Akkuzelle ganz entleert wird. Ich mache das z.B., indem ich meine halbvollen Zellen in einem Uhrwerk oder einer Taschenlampe bis zur völligen Entladung einsetze. Oder halt mit einem Widerstand/Verbraucher entladen, der dem Kapazitätsstrom des Akkus entspricht, wie z.B. mit einem Birnchen. Profiladegeräte haben dafür eine Automatik, die dann die Restladung des Akkus in Wärme umwandelt, und laden dann mit speziellen pulsenden Ladetechniken den Akku wieder auf.

Der Zweipunktregler:
Einfacher und preiswerter Laderegler für Solar- und Windkraftanlagen. Der Akku wird von dem Windgenerator oder dem Solarmodul getrennt, wenn die Spannung die Ladespannungsgrenze übersteigt. Liegt die Akkuspannung unter einem voreingestellten Wert der Ladespannungsgrenze des Akkus, so schaltet der Regler den Windgenerator bzw. das Solarmodul wieder mit dem Akku zusammen. Diese Reglerart darf bei Windanlagen nicht in Verbindung mit fremderregten Generatoren verwendet werden, da

5

5

diese sonst hochdrehen und zerstört werden können!

Der Regler sollte bei Bleisäure-Akkus so eingestellt sein, dass der Regler den Akku bei 14,3 Volt bei 20° C trennt und der Wieder-Einschaltpunkt bei etwa 13,5 V liegt.

Die etwas besseren Regler sind dann noch mit einem Tiefentladeschutz ausgestattet, welcher den Verbraucher bei einer entsprechend eingestellten unteren Spannungsschwelle wie z.B. 11 V abtrennt, um den Akku vor Tiefentladung und damit Zerstörung zu schützen.

Parallel- oder Shuntregler:

Der Shuntregler begrenzt die Ladeendspannung auf einen exakten Grenzwert, indem das zuviel an Strom über ein Shunt verbraten wird. Auch die Zenerdiode ist somit ein einfacher Shuntregler. Sie begrenzt die Spannung jedoch nicht sehr genau.

Shuntregler sind als elektronische Schaltung meist mit Power-MOSFET-Transistoren ausgestattet. Übersteigt die Ladespannung den vorher eingestellten Wert, so steuert ein Operationsverstärker den parallel zu der Ladequelle geschalteten Transistor leitend und dieser wandelt dann, evtl. in Reihe mit einem Shuntwiderstand, die überschüssige Energie in Wärme um.

Die Vorteile des Shuntreglers liegen darin, dass nur dann Verluste da sind, wenn zuviel Energie vorhanden ist und durch das permanente Halten der Endspannung der Akku satt bis an die obere Grenze gefüllt wird. Der Nachteil ist, dass die gesamte überschüssige Leistung in Wärme umgewandelt wird und damit verloren geht.

Tiefentladungsschutz wie beim Zweipunktregler.

Der Serien- oder Längsregler:

Beim Serien- oder Längsregler liegt der Leistungstransistor, wie der Name schon andeutet, in Längsrichtung des Stromflusses. Die durch eine Elektronik gemessene Spannung beeinflusst das Tastverhältnis, mit der der Längstransistor ein- und ausgeschaltet wird. Je mehr dieser eingeschaltet wird, desto mehr Strom fließt in den Akku. Wie beim Shuntregler wird auch hier der Akku im gesamten Umfang der Kapazität sehr gut und voll geladen.

Vorteil, es ist weniger Verlustwärme abzuführen.

Nachteil, da der Längstransistor dauernd aktiv ist, gibt es auch eine ständige Verlustleistung, die mit zunehmendem Stromfluss höher wird.

Tiefentladungsschutz wie beim Zweipunktregler.

Anpassungswandler oder auch Maximum Power Tracker (MPT):

Der MPT besteht im Wesentlichen aus einem DC-DC Spannungswandler (siehe auch 6.3.1.2, Spannungswandler), der die Spannung aufwärts wandelt. Das heißt, die Ausgangsspannung ist immer höher als die Eingangsspannung. Bei der Aufwärtswandelung wird das Tastverhältnis (Ein-Aus) so geregelt, dass die Ladeleistung stets einen Maximalwert anstrebt, d.h. der Regler bewirkt, dass der Arbeitspunkt z.B. des Solargenerators immer am Punkt der maximalen Leistung pendelt.

Die Schaltungen sind in der Regel sehr aufwändig und komplex und kommen eher bei größeren Anlagen zur Anwendung. Die in 6.3.1.2 vorgestellte Schaltung lässt sich als sehr einfacher MPT verwenden.

5.2.1 Einfacher Laderegler

Für die Ladung von 12-Volt-Bleigelakkus gibt es einen integrierten Schaltkreis (BP 137), mit dem ein einfacher Laderegler mit wenigen Bauelementen aufgebaut werden kann. Bleigelakkus sind sehr praktisch, da sie nicht wie Bleisäureakkus ein flüssiges Elektrolyt enthalten und daher dieses auch nicht ständig nachgefüllt werden muss oder bei Schräglage gar auslaufen kann. Außerdem können sie lageunabhängig betrieben werden, also alles in allem sehr gut handhabbar und robust. Das Einzige, was sie überhaupt nicht abkönnen ist Überladung. Dann nämlich öffnet sich ein Notventil, das im Gel eingebundene Elektrolyt gast aus und falls dies öfters passiert, wird der Akku unbrauchbar. Auch kann das Elektrolyt nicht wieder nachgefüllt werden, sodass wir das Teil dann leider entsorgen müssen. Also bitte, einen Gelakku nicht ohne entsprechenden Laderegler aufladen!

Das IC bewirkt, dass die Ladespannung auf max. 13,8 Volt begrenzt wird. Außerdem hat es verschiedene Schutzfunktionen integriert

die, z.B. bei thermischer Überlastung, die Schaltung abschalten.

Technische Daten des IC PB 137:
Begrenzung der Ladeendspannung: 13,7 bis 13,8 V
Maximale Eingangsspannung: 40 V
Ladestrom max. 1,5 A
Bei Volllast Kühlkörper verwenden !

5.2.2 Laderegler mit Überspannungsumschaltung für andere Verbraucher (Zweipunktregler)

Sind beim Inselbetrieb die vorhandenen Akkus voll geladen, schaltet der normale Laderegler die Ladung ab oder reduziert den Ladestrom.

Die Energie, die dann noch durch Wind- oder Sonnenenergie geerntet wird, geht nutzlos verloren.

Dabei gibt es genug Möglichkeiten, die Energie anderweitig sinnvoll zu nutzen.

Hier einige Beispiele:

Im Gartenhaus den Keller lüften.

Im Gewächshaus die Luft umwälzen.

Wasser auf ein höheres Niveau pumpen, von dem es bei Bedarf durch die Schwer-

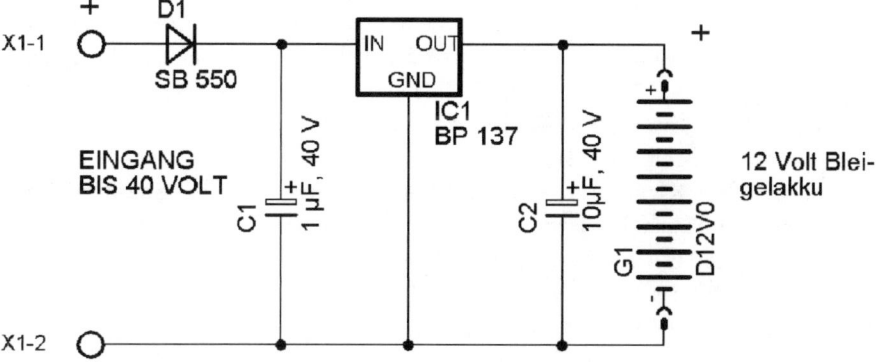

Abb. 5.5 Ladereglerschaltung für 12 V Bleigelakku. Mit dem IC, (BP137) und lediglich drei Bauteilen kann ein einfacher Laderegler für Ladeströme bis 1,5 A realisiert werden.

5

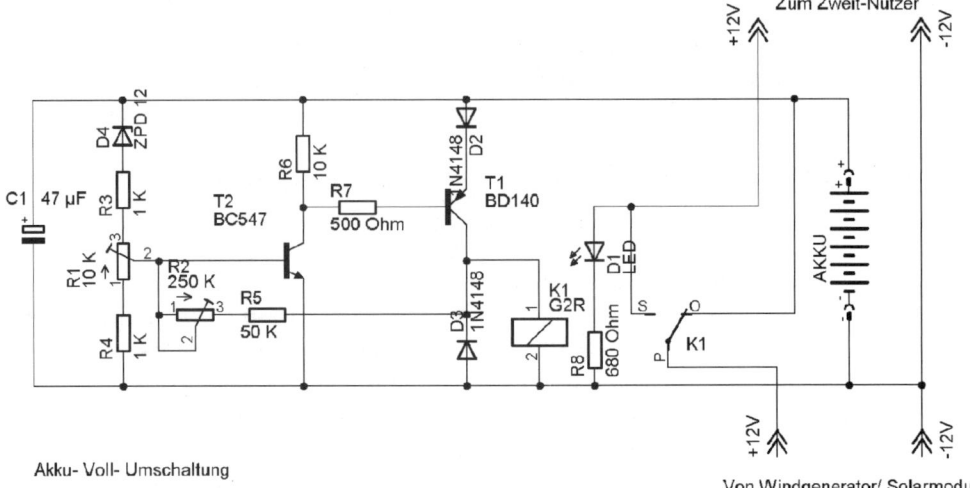

Akku- Voll- Umschaltung

Abb. 5.6 Laderegler mit Überspannungsumschaltung
Um dies technisch möglich zu machen hier ein Laderegler, der nach Vollladung des Akkus den Strom einem anderen Verbraucher bzw. Nutzer zukommen lässt.
Die Schaltung verbraucht, solange der Akku geladen wird, nur wenige µA Strom. Wenn dann der Akku voll ist und das Relais anzieht, wird der Strom von dem Energielieferant Wind oder Sonne genommen.
Mit dem Trimmpoti R1 wird die Vollladespannung des Akkus eingestellt, z.B. 14,5 Volt bei einem Bleisäureakku. Mit dem Trimmpoti R 2 wird die Spannung zur Wiederaufnahme der Akkuladung eingestellt, z.B. 13,8 Volt.

kraft wieder von selbst herunter läuft.
Einen Springbrunnen betreiben.

5.2.3 Ladetimer für Akkuzellen (Ladezeitregelung)

Mit dem IC, U2403B von der Fa. Telefunken, lässt sich mit wenigen externen Bauteilen ein Ladetimer für Kleingeräte, die mit NiCd- oder NiMD-Akkus betrieben werden, aufbauen. Bis 250 mA Ladestrom kann das IC direkt den Strom steuern und schalten. Bei größeren Strömen braucht es einen zusätzlichen Leistungstransistor wie z.B. den BD 136 oder den BC 636.
Nach Erreichen der vorgegebenen Ladezeit

schaltet das IC auf Erhaltungsladung um. Der Erhaltungsladestrom ist ebenfalls durch die Bauelemente zu bestimmen. Der oder die Akkus können dann so lange im Ladegerät belassen bleiben, bis sie gebraucht werden.

Anzahl der Akku-Zellen	Spannung am Eingang X1, X2
1	6,8 V
2	8,3 V
3	9,8 V
4	11,3 V
5	12,8 V

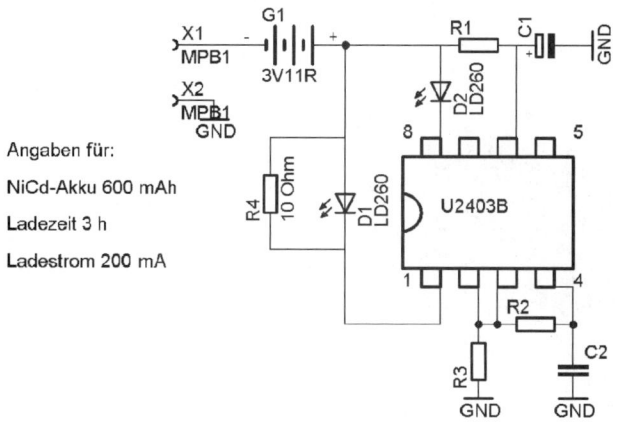

Angaben für:

NiCd-Akku 600 mAh

Ladezeit 3 h

Ladestrom 200 mA

Abb. 5.7 Ladetimer, dimensioniert für einen NiCd-Akkupack mit 600 mAh Kapazität, der in 3 Stunden geladen werden soll. Für andere Akkupacks und Ladewerte sind die Bauteile in den Tabellen aufgeführt.

Dimensionierungen bei entsprechenden Ladezeiten:

Bauteil	2 h	4h	6 h	7 h	12 h
R4	300 K	430 K	470 K	470 K	390 K
C2	330 pF	470 pF	680 pF	1 nF	2,2 nF

Dimensionierungen bei entsprechendem Ladestrom:

Bauteil	240 mA	150 mA	100 mA	50 mA
R 3	6,2 Ω	10 Ω	15 Ω	30 Ω
R 5	8,2 Ω	15 Ω	22 Ω	68 Ω

5.2.4 Zweipunktladeregler mit Unterspannungs- und Überspannungsabschaltung

Zweipunktregler deshalb, weil es bei der Überspannung eine obere Schwelle gibt, bei der der Akku vor Überladung geschützt wird und von der Ladequelle getrennt wird, und einen um ca. 1 V tiefer liegender Spannungspunkt, mit dem der Akku mit der Ladequelle wieder verbunden wird, wenn dessen Spannung wieder abgesunken ist. Diese zwei Schaltpunkte sind nötig, um ein Pendeln zu verhindern, was bei nur einem Schaltpunkt auftreten kann.

Zweipunktregler sind eher die einfachere Variante zur Überwachung der oberen Akkuspannung. Der Akku wird letztendlich damit nicht ganz voll geladen, somit kann die angegebene Kapazität nicht genutzt werden. Ein Schaden für den Akku entsteht durch den Zweipunktregler aber nicht.

Die hier vorgestellte Schaltung ist einfach aufzubauen und der zweite OP (Operationsverstärker) des ICs kann gleich für eine Unterspannungsabschaltung verwendet werden. Bei der Beschaltung handelt es sich um einen nichtinvertierenden Schmitt-Trigger. Die rückkoppelnden Widerstände Ra und Rb be-

5

Abb. 5.8 Foto Ladetimer
Um die Verlustleistung so klein als möglich zu halten, ist die Eingangsspannung entsprechend der zu ladenden Akku-Anzahl anzupassen.

stimmen mit ihrem Widerstandswert die Hysterese, d.h. die Spannungs-Differenz zwischen Ausschalt- und Einschaltpunkt. Je geringer der Widerstandswert, desto größer die Hysterese. Sinnvoll ist ein Wert zwischen 68 K und 100 K und zwar als Festwiderstand, da sich mit Änderung von Ra und Rb auch die Schaltschwellen ändern.

Ab einem bestimmten eingestellten Spannungslevel trennt die Unterspannungsabschaltung die Verbraucher vom Akku.

Dies ist z.B. ganz besonders bei Bleigelakkus und Bleisäureakkus sowie bei wiederaufladbaren Alkali-Manganbatterien für die Akkus lebensverlängernd. Je tiefer der Akku nämlich entladen wird, desto weniger Zyklen, d.h. Entlade- und Ladevorgänge sind möglich bevor der Akku hinüber ist.

Die Schaltung wurde im Experimentierstadium mit zwei LEDs zur Anzeige der Schaltzustände aufgebaut. Eine rote LED

für den Betrieb und die Unterspannungsabschaltung und eine grüne LED für die Überspannungsab- bzw. -umschaltung. Umschaltung deshalb, weil mit einem Relais die Energie-Ladequelle und damit die Stromlieferung zu einem anderen Verbraucher oder zum ladenden Akku umschalten kann. Der Hauptakku hat die Priorität beim Laden, er wird auch weiter geladen wenn die Spannung absinkt. Wenn er voll geladen ist und keine weitere Ladeenergie benötigt wird, kann diese weiter verwendet werden.

Um die Funktion zu verdeutlichen, hier eine kleine Akku- Ladegeschichte:

Im normalen Betrieb, beim Bleisäureakku zwischen 11,0 V und 14,3 V, leuchtet die rote LED, die Verbraucher wie Leuchte und Stereoanlage entnehmen voller Tatendrang die Energie. Dann passiert es, die Spannung ist unter 11 V Akkuspannung gesunken und

Akkutyp 12 V bei 20 ° C	obere Ladungsspannungs-Grenze	Wieder-Einschaltpunkt	Entladeschutz-Spannung	Wieder-Einschaltpunkt
Bleisäureakku	14,3 V	13,5 V	11,0 V	12,5 V
Bleigelakku	13,8 V	12,8 V	10,5-11 V	12 V

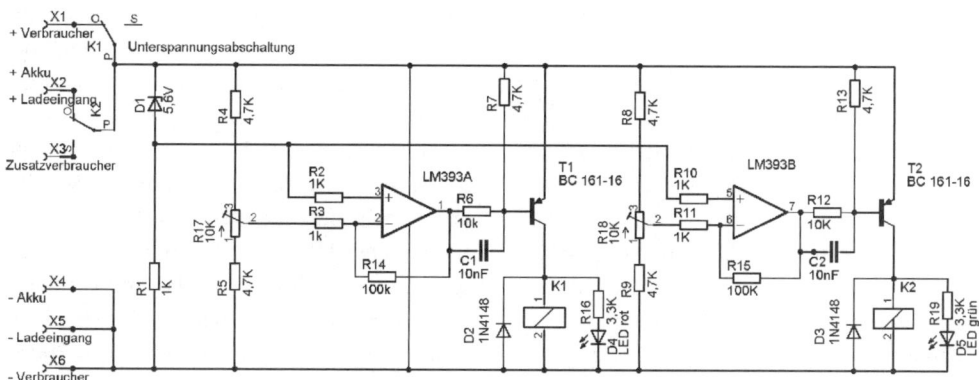

Abb. 5.9 Schaltplan, Zweipunktladeregler

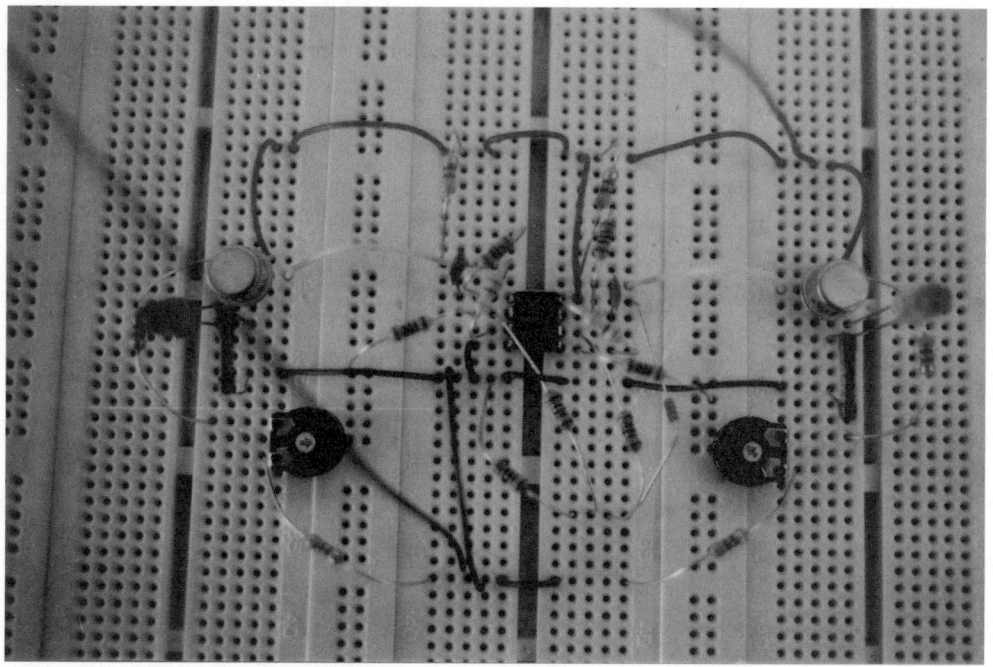

Abb. 5.10   Foto Zweipunktregler aufgebaut auf einem Experimentierbrett.
Durch einfaches Stecken der Elektronikbauteile und Verbindungsdrähte entsprechend des Schaltplanes in die Kontaktschienen, kann eine elektronische Schaltung provisorisch aufgebaut und durch Austausch der Bauelemente funktionell damit experimentiert werden. Auf der linken Seite befindet sich die rote LED, auf der rechten die grüne.

5

nun schaltet die rote LED ab, weil der Akku zu etwa 60-70 % entladen ist. Alle Verbraucher werden getrennt und es findet keine weitere Entladung statt. Der Wind bläst heute gut und so wird der Akku wieder aufgeladen. Die rote LED schaltet bei der Akkuspannung von 12,5 V wieder ein. Jetzt sind die Verbraucher wieder am Akku, erhalten Strom und sind voller Energie. Irgendwann ist genug damit und Leuchte und Stereoanlage werden abgeschaltet. Da keine weitere Energie verbraucht wird lädt, der Akku weiter und weiter. Er ist schon ganz prall von der vielen Energie und der Spannungsmesser zeigt 14,3 V, da fängt auf einmal die grüne LED an zu leuchten und der Akku wird nicht weiter geladen. Der Wind bläst aber immer noch ganz gut und so wird die Energie für eine Wasserpumpe im Garten benutzt, die das Regenwasser aus einer tiefer liegenden Zisterne zu einem Fass ganz oben im Garten pumpt. Inzwischen wurde das Licht angemacht, die Akkuspannung sinkt

auf 13,5 Volt, die grüne LED erlischt und die Ladeversorgung schaltet wieder von der Pumpe zu dem Akku um, der Akku wird geladen und so geht's dann immer weiter

Natürlich sind die LEDs nur stellvertretend als Anzeige da, die Schaltaufgaben werden von Relais oder Power-MOSFET-Schaltstufen erledigt. Die in der Schaltung verwendeten Transistoren sind für Relais mit geringem Stromverbrauch, d.h. hohem Spulenwiderstand, ausgelegt. Beispielsweise so ab 700 Ω aufwärts. Damit lassen sich schon mindestens 8 Ampere schalten. Relais haben den Vorteil mehrerer Kontakte und Umschaltkontakte. Wenn es klickt, höre ich, dass sich was tut. Bei längerem Betrieb aber haben Relais den Nachteil des im Vergleich zu den Power-MOSFET-Transistoren höheren Stromverbrauches und der mechanischen Abnutzung. Mit einem Relais, stellvertretend für die rote LED, kann z.B. über einen Umschaltkontakt auch noch eine externe Lademöglichkeit zugeschaltet werden.

Nützliches und hilfreiches Zubehör und Extras

6.1 Selbstbau-Prüfstand (zum Testen der Windräder)

Anders als bei Solarmodulen, die fast jeden Tag mit mehr oder weniger Sonne ausprobiert werden können, steht nicht überall und ständig Wind zur Verfügung. Je nachdem, wo Ihr wohnt und eure Werkstatt habt, gibt es dort mehr oder weniger Wind.

Um die Windräder zu testen, braucht es also Möglichkeiten dies unabhängig vom natürlichen Wind zu tun.

Klar wurde mir dies das erste Mal, als ich mit einigen Jugendlichen zusammen Windräder gebaut habe und es am Schluss darum ging, wessen Windrad am meisten Leistung bringt. Da musste eine Einrichtung her, mit der die Windräder bei gleichen Bedingungen verglichen werden konnten.

Bei kleineren Windrädchen geht es dann auch ganz gut, diese vorne an die Lenkstange des Fahrrades zu montieren und dann los geht's. Nur dann nebenbei noch zu messen und Veränderungen vorzunehmen, ist ein bisschen schwierig.

6.1.1 Gebläse 12 V

Für unseren künstlichen, gleichmäßigen Wind eignen sich Kühlergebläse vom Pkw oder auch vom Lkw hervorragend. Es ist auf jeden Fall lohnend, sich auf dem Autoschrottplatz umzuschauen. Hinter dem Kühler finden wir je nach Autotyp Gebläse mit 30-40 cm Durchmesser und 200-500 W Leistung.

Dazu einen halbwegs guten Autoakku, nicht zu klein, denn die Gebläse brauchen ganz schön Strom. Übrigens, Autoakkus erholen sich auch manchmal wieder, wenn sie mit dem supertollen Gleichstrom von einem Solarmodul geladen werden.

Meine Windsimulationseinrichtung besteht ganz einfach aus so einem Autogebläse, welches ich recht provisorisch in meiner Werkstatt an einem Eisenprofil montiert habe und zum Betrieb an die Akkus der Solaranlage anklemme.

Um herauszufinden, wie viel Wind da rauskommt bzw. welcher Windgeschwindigkeit der Luftstrom entspricht, braucht es zuerst einen Windgeschwindigkeitsmesser, entweder gekauft oder wie folgt selbst gebastelt. Gut ist es, den Windgeschwindigkeitsmesser im Abstand von 1-3 m vom Gebläse aufzustellen. Dies gilt auch für das Windrad, natürlich je nach Größe des Windrades. Bei größeren Windrädern braucht es dann mehrere Autogebläse oder eines aus einem Lkw oder Bus, um das nötige Windvolumen zu erzeugen.

Wenn jemand vor hat, den Windradbau zu professionalisieren, dann empfehle ich große Gebläse vom Schrott, Lüftungsanlagen mit …Meter Durchmesser und einen großen Schuppen dazu. Das Ganze eignet sich dann auch für aerodynamische Mes-

6

sungen für Fahrradverkleidungen und windschnittige Karosserien für Solarmobile! Und nach dem Werkstatttest heißt es warten, bis der richtige Wind kommt!

6.2 Selbstbau-Windgeschwindigkeitsmesser (Anemometer)

6.2.1 Elektronik zur Windgeschwindigkeitsmessung

Das mechanische Kernstück des Windgeschwindigkeitsmessers ist der Sensor zur Aufnahme der Windgeschwindigkeit. Dieser besteht aus einer Kunststoffscheibe wie z.B. aus Plexiglas. Entscheidend ist der Durchmesser mit 65 mm. Gut geeignet ist ein Material mit einer Dicke von 3-5 mm. In der Mitte und am Rand werden Löcher angezeichnet und gebohrt, ein Loch in der Mitte mit dem Durchmesser eines kleinen Kugellagers und die Bohrungen/Vertiefungen im Randbereich mit dem Durchmesser der kleinen Magnete. Es können z.B. 6 Ma-

gnete, 6mm Durchmesser, 2,5 mm Höhe alle 45° oder bis zu 8 Magnete angeordnet und Magnete und Kugellager in die Vertiefungen mit 2-Komponentenkleber eingeklebt werden (je mehr, desto zitterfreier die Anzeige. Wenn es zu viele sind, kommt aber der Reed-Kontakt nicht mehr mit dem Schalten nach). Die kleinen Magnete müssen alle gleichseitig in der Nord/Südrichtung gepolt sein, was durch Aneinanderreihen der Magnete vor der Montage und im Gleichsinn aufkleben zu erreichen ist. (Liefernachweis für die Magnete und das Kugellager z.B. Opitec oder Lemo)

Das Kugellager in der Mitte ist vor Gebrauch zu reinigen und etwas zu ölen. Für den Wetterschutz wird es oben mit einem Käppchen abgedeckt.

In Abständen von 120° wird am Rand der Kunststoffscheibe je ein halber Tischtennisball befestigt. Die halben Tischtennisbälle erhaltet Ihr am besten, indem Tischtennisbälle bis zur Hälfte in ein passendes Rohr (ca. 37-38 mm) gesteckt und dann am Rohrrand entlang mit einer feinen Metallsäge abgesägt werden.

Abb. 6.1 Foto Windgebläse klein, als Schutz vor dem Hineinfliegen von kleinen Gegenständen und dem Hineingreifen ist ein Fliegengitter montiert.

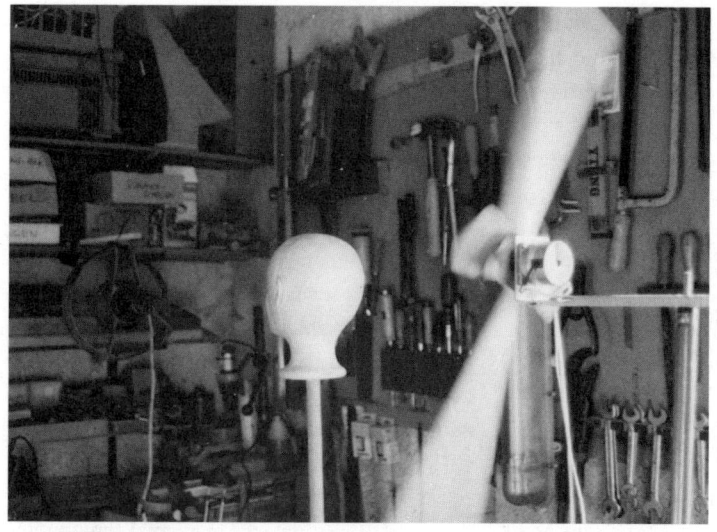

Abb. 6.2 Foto Windge-
bläse groß, aufgebaut in
der Werkstatt. Auf der
linken Seite hängt das
Gebläse im Regal. Der
Kunstkopf dient zum
Verwirbeln des konzen-
trierten Windstroms.

Abb. 6.3 Foto vom me-
chanischen Aufbau das
Windgeschwindigkeits-
Sensors. Zu sehen sind
einige der 6 Magnete,
die halben Tischtennis-
bälle und die Abdeckung
aus dem Deckel eines
Honigglases.

Auf einer Schraubachse mit Innendurchmesser des Kugellagers wird ein Plastik/Plexiglasstreifen befestigt, auf dem radial an einem Rand ein kleiner Reedkontakt montiert wird. Dabei ist vorher mit einem Multimeter oder einem Durchgangsprüfer auszuprobieren, ob der Kontakt schließt, wenn ein Magnet darüber gehalten wird. Eventuell ist die Seite des Magneten zu wechseln. Der Glaskörper des Reedkontaktes ist im Bereich der eingeführten Drähtchen etwas empfindsam und so ist es gut, beim Umbiegen mit einer kleinen Zange zwischen Glaskörper und Biegestelle dagegen zu halten. Die Drahtanschlüsse werden dann z.B. mit einer Lüsterklemme und Zwei-Komponentenkleber gesichert und mit einer 2-adrigen Zuleitung bis zum Anzeigegerät verbunden.

6

Die Grundplatte mit dem Reedkontakt, Achse und Scheibe mit Magneten und halben Tischtennisbällen werden mit einem geeigneten Aluwinkel z.B. am nach Westen zeigenden Dachfirsten des Hausdaches montiert. Die Achse besteht bei mir aus einem Stück Gewindestange.

Werden die Maße entsprechend der Anleitung eingehalten, macht der Windgeschwindigkeitsmesser bei einer Windgeschwindigkeit von 1 m/s ca. eine Umdrehung.

Funktion:

Wenn sich die Kunststoffscheibe mit den 3 halben Tischtennisbällen durch den Wind dreht, wird der Reedkontakt durch die kleinen Magnete z.B. 6mal bei 6 Magneten pro Umdrehung geschlossen. Dies bedeutet bei

6 Magneten bei 1m/s, 6 Impulse. Das IC SN 74121 wird damit über den Schmitt-Trigger-Eingang gesteuert. Die Dimensionierung von R3 und C1+C2 entscheidet über die Anzeigeart und den Anzeigebereich des 100-µA-Analoginstrumentes. Je kleiner C1, desto größer ist der Anzeigebereich. In der vorgeschlagenen Dimensionierung von C1 ist die Skala im Bereich von Windstärke 0-8 und 0-20 m/s ablesbar, was für unseren Umgang mit dem Wind ausreichen sollte. Wenn der Wind stärker wird, sollte alles in Sicherheit gebracht werden! Mit Zuschalten von C2 wird eine Bereichsumschaltung vorgenommen, damit kann der Bereich von ca. 0-8 m/s also Windstärke 1-4 exakter abgelesen werden. Da die Ausgangsspannung des

Abb. 6.4 Foto Windgeschwindigkeitsmesser Elektronik auf Rasterplatine. Rechts ist ein Teil des Anzeigeinstrumentes zu sehen. Der Umschalter ganz hinten ist für die Bereichsumschaltung. Der Regler auf der linken Seite geht zur Schaltstufe.

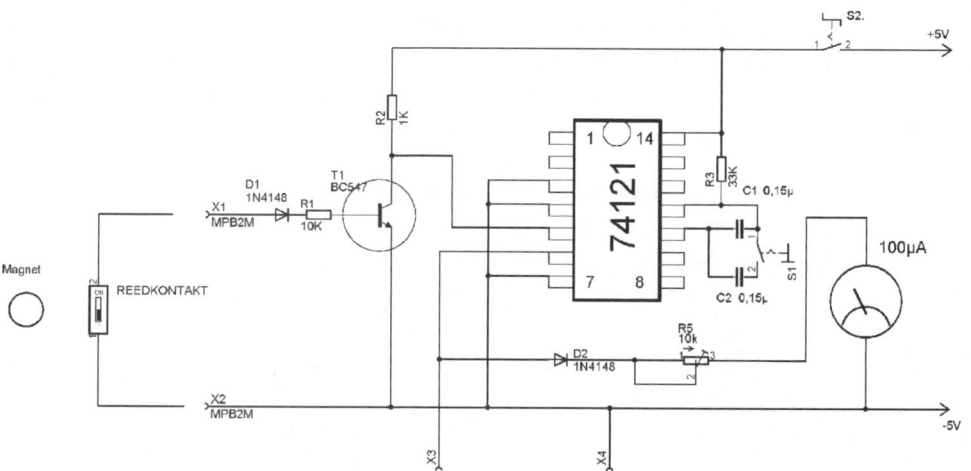

Abb. 6.5 Schaltplan Windgeschwindigkeitsmesser. Die Abgriffe X3 und X4 gehen zur Schaltstufe (wie in Abb. 6.8 und 6.9 beschrieben)

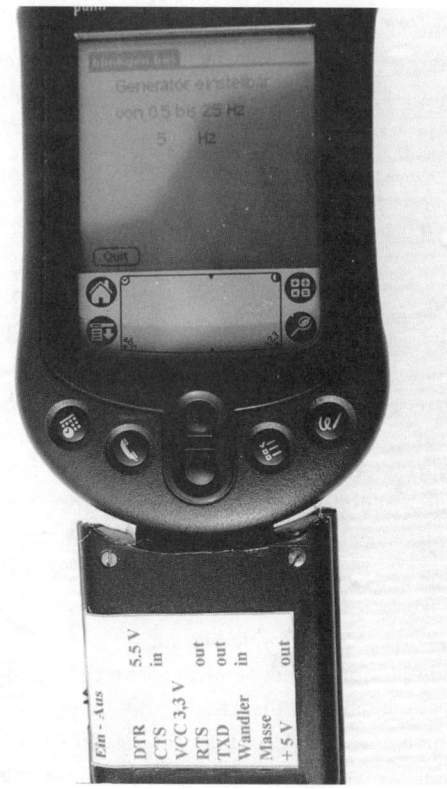

Abb. 6.6 Foto Palm Handheld mit selbstgebauter Schnittstelle zum Eichen des Windgeschwindigkeitsmessers.

6

monostabilen Multivibrators größer Null ist, wird das Instrument über die Diode angeschlossen, um damit den Nullpunkt zu erhalten.

Eichen und Herstellen der Skala:
Eine Möglichkeit, die Skala zu eichen, ist die Verwendung eines Frequenzgenerators. Ich habe dazu einen Computer mit einem kleinen Programm verwendet, um die Schaltung zu eichen. Der Vorteil ist, dass die Werte exakt vorgegeben werden können und damit die Skala genau geeicht werden kann.
Eine andere einfache Eichmöglichkeit ist:
Den Niederspannungsanschluss eines Trafos (Klingeltrafo), z.B. 6 V, an ein entsprechendes (altes) Relais angeschlossen, macht im 50-Hz-Rhythmus brrrrr. Und vorher den Schaltkontakt des Relais mit dem Eingang des Windmessers verbunden, bringt die Anzeige in den Bereich Windstärke 5 bzw. exakt zu 8,3 m/s.
Meine Analogskalen mach ich in der Regel so:
Mit den wie vorhin beschriebenen Eichmöglichkeiten lese ich die Werte auf der originalen 100-µA-Skala ab und notiere sie. Dann mach ich eine Kopie der Skala, Originalangaben abgeklebt oder zeichne sie neu, aber ohne die Originalangaben. Dann besteht die Möglichkeit, mit Abreibebuchstaben oder auch handschriftlich oder mit dem Computer die Skala entsprechend den notierten Werten neu zu beschriften.
Eine andere Möglichkeit ist, die alten Werte mit Tipp-Ex zu entfernen und dann wie vorhin, mit Abreibebuchstaben zu beschriften. Die Abreibebuchstaben gibt es in guten Schreibwarenläden in verschiedenen

Größen. Etwas Vorsicht ist beim Herausnehmen und Montieren der Originalskala geboten, dass sich das kleine Zeigerchen nicht verbiegt…
Die Tabelle zu den Windstärken und entsprechende m/s findet Ihr in Kapitel 3.2 Windgeschwindigkeiten. Wenn der Sensor wie beschrieben, d.h. mit 6 Magneten, gebaut wurde, anbei die Eichtabelle:

Tabelle Windstärken/Impulse

Windstärken	m/s	Impulse bzw. Frequenz in Hz
0	0-0,5	0
1	0,6-1,7	3,6-10,2
2	1,8-3,3	10,8-19,8
3	3,4-5,2	20,4-31,2
4	5,3-7,4	31,8-44,4
5	7,5-9,8	45-58,8
6	9,9-12,4	59,4-74,4
7	12,5-15,2	75-91,2
8	15,3-18,2	91,8-109,2
9	18,3-21,5	109,8-129
10	21,6-25,1	129,6-150,6
11	25,2-29	151,2-174
12	über 29…	über 174

Einer der großen Vorteile dieses Selbstbau-Anemometers ist, dass mit relativ wenig Aufwand eine bestimmte Windgeschwindigkeit und damit ein entsprechender Ausgabelevel zu Schaltzwecken am Pin 6 des IC Sn 74121 benutzt werden kann.

Als Beispiele hierzu:
Ein Windrad mit elektrischer Generatormaschine, die direkt mit einem Verbraucher verbunden ist, läuft sehr schwer an. Sinnvoll ist daher die Generatorzuschaltung des

Windrades ab einer definierten Windge-schwindigkeit. Damit kann das Windrad bei geringem Winddruck problemloser anlau-fen. Wenn es dann in Schwung ist, wird erst die Generatorlast wie z.B. der zu ladende Akku zugeschaltet.

Bei Sturm können dafür anfällige Windrä-der z.B. auch elektrisch aus dem Wind ge-dreht werden (so machen es die Profis auch).

Eine Warneinrichtung kann Alarm schlagen, oder die Rollläden werden herunter gelas-sen, die Sonnenjalousie und der Sonnen-schirm wird eingefahren usw.

6.2.1.1 Spannungsregler für Windge-schwindigkeitsmesser

Die hier vorgestellte Spannungsreglerschal-tung ist nichts weiter Neues. Interessant ist die Verwendung eines Low-Trop-Spannungs-reglerbausteines. Bei z.B. 5 Volt benötigter Betriebsspannung muss die ungeregelte Ein-gangsspannung nur 0,5 bis 1 Volt höher sein im Gegensatz zu normalen Spannungsreg-lern, bei denen die Eingangsspannung 2-3 Volt höher sein muss. Dies ist vorteilhaft im Batterie- und Akkubetrieb, vor allem im

Spannungsbereich von 6 Volt. Außerdem hat der Spannungsregler nur einen sehr geringen Eigenverbrauch von ca. 50 µA.

6.2.2 Schaltstufe für Windgeschwindig-keitsmesser

Die im Folgenden aufgeführte Schaltstufe zeigt eine Standardschaltung mit anzeigen-der LED und Relais.

Da das Signal vom Windgeschwindigkeits-messer je nach Windgeschwindigkeit im-pulsartig zur Verfügung steht, bedarf es zur Verwendung für die Schaltstufe noch einer Glättung mit einem Elko. Diese Schaltung kann auch eingesetzt werden, wenn bei ei-nem Gerät das blinkende Signal der LED für Schaltzwecke verwendet werden soll.

Für die in 6.2.1 angedachte Lastzuschaltung des Windrades ist es durch Verwendung ei-nes Elkos, z.B. mit 1000 µF möglich, die Lastzuschaltung zeitverzögert ein- und wie-der auszuschalten. Dies kommt der Eigen-schaft, dass das Windrad erst auf Touren kommen muss, bevor der Generator zuge-schaltet wird, sehr entgegen.

Der Elko muss durch die Impulse erst gela-den werden, bevor das Relais einschaltet

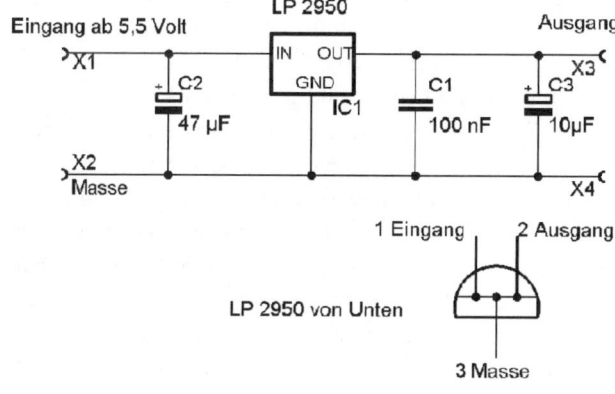

Abb. 6.7 Spannungsregler, 5 V, mit dem Spannungsregler LP 2950 und den Kondensatoren C1 bis C3 zur Unterdrückung von ungewollten Schwingun-gen, realisiert.

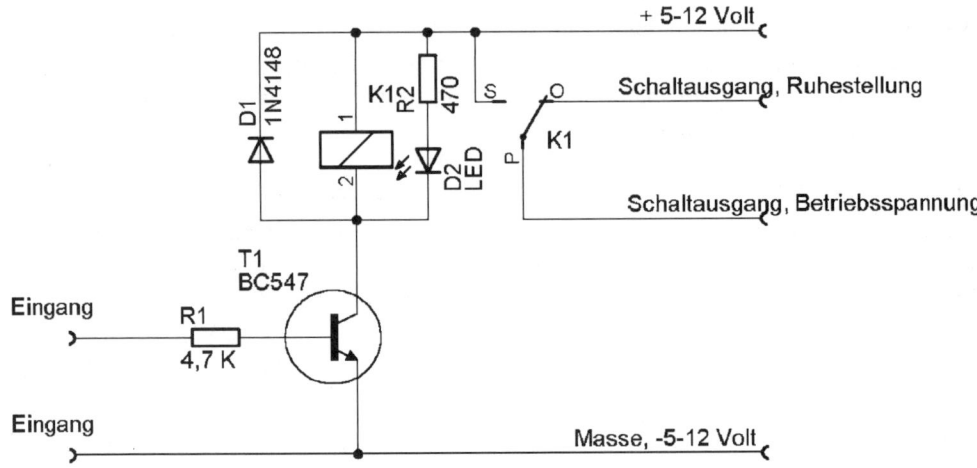

Abb. 6.8 Relais-Schaltstufe mit dem NPN-Allerwelts-Transistor BC 547. Natürlich gehen auch andere, wie im Kapitel 9 aufgezeigt.

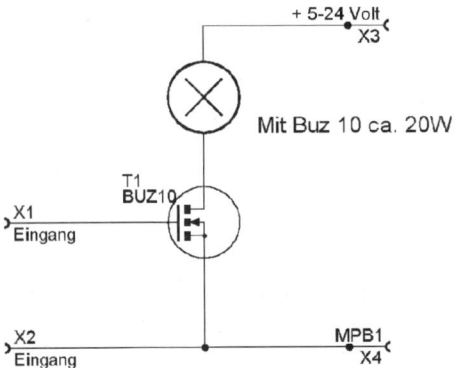

Abb. 6.9 Power-FET- Schaltstufe mit BUZ 10. Vorteil, keine mechanischen Teile.

und nachdem die Impulse ausbleiben, entlädt er sich über das Relais und die LED und das Relais fällt ab.

6.2.3 Fahrradtacho umgenutzt

Fahrradtachos lassen sich für viele Mess- und Zählaufgaben sehr gut gebrauchen. Schon mit günstigen Geräten ab 5,00-8,00 € sind die folgenden Anregungen realisierbar.

Nun in das Detail.

Gehen wir mal davon aus, dass wir die Werte des Westernwindrades, aufgebaut ohne Nabendynamo entsprechend 4.4, messen und auswerten wollen.

Dazu montieren wir den Sensor und den Speichenmagneten wie in der Bedienungsanleitung des Fahrradtachos angegeben. Sofort nach Aufstellen des Windrades im Wind oder mit künstlichem Wind entsprechend 6.1, können wir mit der Funktion „Radumdrehungszähler" erkennen, was unser Windrad so an Drehzahl pro Minute bringt und dass es vielleicht viel langsamer läuft, als wir gehofft und gedacht haben. Wir können daraus Schlüsse ziehen, was einen einzubauenden Generator anbelangt und ob es vielleicht sinnvoll wäre, das ganze Gebilde als Reibrad mit Reifen aufzubauen, um durch diese Übersetzung auf die notwendige Drehzahl für unseren Generator zu kommen usw. Mit den Funktionen a-d können wir uns ein professionelles Windertragsmesssystem auf-

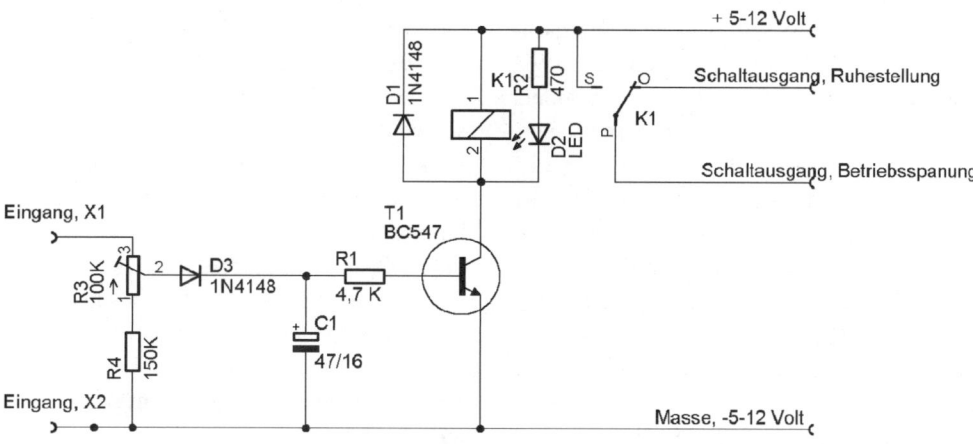

Abb. 6.10 Relais-Schaltstufe mit Impulsglättung durch C1. R4 und der Trimmpoti R3 sind dazu da, um den Schaltlevel einzustellen, d.h. ab welcher Windgeschwindigkeit das Relais anziehen soll. Wird der Elko C1 auf z.B. 1000 µF erhöht, so findet der Schaltvorgang mit einer Zeitverzögerung statt.

In der Regel sind folgende Funktionen verfügbar:

	Funktion	direkt nutzbar für	Nutzbar mit Anpassung	Bemerkung
a.	Momentan-geschwindigkeit		Windgeschwindigkeits-messer	
b	Maximal-geschwindigkeit		Maximale Windge-schwindigkeit	
c	Durchschnitts-geschwindigkeit		durchschnittliche Wind-geschwindigkeit	
d	Gesamtstrecke		Ertrag der Windleistung	
e	Teilstrecke		Teilertrag der Windleis-tung, z.B. an einem Tag	
f	Triptimer		Betriebsstundenzähler	
g	Stoppuhr			
h	Uhrzeitfunktion	sich bewusst werden		
i		wie viel Zeit schon wieder vergangen ist		
	Radumdrehungs zähler	als Drehzahlmesser		

bauen, um damit z.B. einen Standort über einen längeren Zeitraum windtechnisch zu beobachten und dann unsere Schlüsse daraus

ziehen, ob es überhaupt Sinn macht an diesem Standort ein Windrad aufzustellen.

Der Sensor wird wie in 6.2.1 beschrieben

aufgebaut, nur dass wir hier den Fahrradsensor statt des Reedkontaktes montieren. Wie viel der Magnete verwendet werden sollen, werden wir jetzt im Anschluss untersuchen. Dazu ein paar Überlegungen:

Fast immer lässt sich der Radumfang oder die Zollgröße eingeben, um den Fahrradtacho dem entsprechenden Fahrrad bzw. dem Reifendurchmesser anzupassen. Damit gibt es eine Möglichkeit, eine Konstante oder ein Teilungsverhältnis einzugeben.

Bei meinem Beispieltacho (Liefernachweis Fa. Conrad) lässt sich der Radumfang laut Bedienungsanleitung von 130 cm bis 229 cm eingeben. Die Anzeige auf dem Display zeigt dann für a 0-90 km/h, + eine Dezimalstelle an.

Versuche mit dem Originalmagneten und dem Originalsensor:

Mit der Funktion Radumdrehungszähler erhalten wir die Drehzahl pro Minute, durch 60 geteilt ergibt die Windgeschwindigkeit : **m/s**

Die mit den halben Tischtennisbällen ausgestattete Scheibe aus 6.2.1 dreht sich in etwa 1x pro Sekunde bei einer Windgeschwindigkeit von 1 m/s.

Dies bringt den Gedanken nahe, eine Frequenzanzeige d.h. Schwingungen pro Sekunde, also eine Anzeige in Hz mit dem Fahrradtacho umzusetzen. Diese Anzeige würde dann in unserem Fall auch den erwünschten m/s entsprechen.

Über die Eingabe des Radumfanges erhalten wir :

Die Konstante für den Radumfang und unsere Anwendungen errechnet sich aus 1000 / 3.6 (Stunde auf Minute und Minute auf Sekunde)

6.3 Spannungswandler

Die meisten Motoren (elektrischen Maschinen), die wir als Generator für unsere Windräder nutzen können, bringen bei den systembedingten geringen Drehzahlen zu wenig Spannung.

Anzahl der Magnete	Eingabe " Radumfang" in cm	Anzeige-Wert auf Display, für	Einheit**)
1	278 *)	m/s oder Hz	km/h
1	2777	m/s oder Hz x10 ***)	wie vor
2	1388	m/s oder Hz x 10 ***)	wie vor
4	694	m/s oder Hz x 10 ***)	wie vor
8	347	m/s oder Hz x 10 ***)	wie vor

*) Bei einigen Fahrradtachos lässt sich der Radumfang ab 1 cm einstellen.

**) Die angezeigte Einheit ändert sich durch Eingabe des Radumfanges natürlich nicht. Durch Aufkleben eines kleines Etikettes mit der entsprechenden Einheit wie z.B. m/s lässt sich dies aber beheben.

***) Lässt sich durch Aufkleben eines Kommas für die geänderte Dezimalstelle für die Anzeige herrichten.

6

Abb. 6.11 Foto Windgeschwindigkeitsmesser mit anzeigendem Fahrradtacho. Für den Versuch wurde der Sensor auf einen Holzklotz montiert. Der Originalsensor des Fahrradtachos ist ebenfalls zu sehen. Hier wurde der Reed-Kontakt vom Windsensor direkt parallel zum Fahrradsensor angelötet.

Die Möglichkeiten, die dann noch bleiben sind:

Die Motorenspule umzuwickeln.
- Ein Getriebe vorzusehen, was wiederum Anlaufschwierigkeiten bedeutet.
- Einen Motor mit wesentlich höherer Betriebsspannung als die im Generatorbetrieb vorgesehene Nutzspannung zu verwenden. Permanent-Gleichstrommotoren z.B. mit 230 V Betriebsspannung sind jedoch schwierig zu erhalten.
- Die Spannung mit einem Spannungswandler auf den gewünschten Spannungswert zu bringen.
- Akkuzellen im geringen Spannungsbereich laden und die Spannung für die Verbraucher hochzuwandeln.

6.3.1 DC-Spannungswandler für Ladebetrieb von Kleinakkus

6.3.1.1 LED- Spannungswandler
Im Internet habe ich die folgende Schaltung von Burkhard K. entdeckt, die mit Hilfe eines einfachen Multivibrators die Spannung einer Batterie- oder Akkuzelle auf die für die helle LED erforderliche Spannung hochsetzt.

Interessant hier vor allem auch die ergänzenden Beiträge. Einer der Autoren schlägt vor, die Schaltung mit einem Germaniumtransistor auszustatten. Damit wäre es möglich, Spannungen bereits ab 0,3 Volt hoch zu wandeln.
Eine dankbare Schaltung, um damit weiter zu experimentieren durch Veränderung der Transistoren, der Induktivität (Drossel) und dem frequenzbestimmenden Kondensator. Die vorgestellte Schaltung schwingt mit einer Frequenz von etwa 100 bis 150 KHz. Für einen guten Wirkungsgrad ist es wichtig, die passende Drossel zu finden. Manchmal ist es auch spannend, dafür Relaisspulen oder Spulen aus Lautsprecherfrequenzweichen zu testen. Es sind solche Relais am besten geeignet, die bei niedrigen Spannungen einen hohen Stromverbrauch und damit einen geringen Innenwiderstand haben. Natürlich könnt Ihr euch die Drossel auch selber wickeln. Anhaltswerte: 100–300 Windungen auf einen Ferritstab und je nach Strombedarf 0,3 mm bis 0,5 mm Durchmesser.
Falls andere Verbraucher als die Leuchtdiode an dem kleinen Spannungswandler betrieben werden sollen, ist daran zu denken, dass es sich um einen hochfrequenten

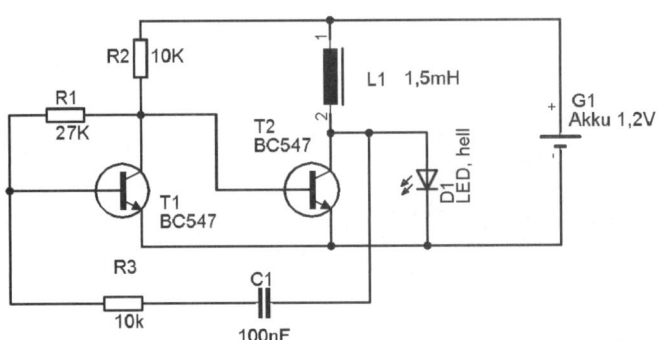

Abb. 6.12 Schaltplan LED-Spannungswandler mit den 2 NPN-Transistoren BC 547

Wechselstrom handelt, der mit einer Schottkydiode und mit einem Kondensator eventuell gleichgerichtet werden muss.

Anwendung in Verbindung mit dem Windrad:

Somit kann auch nur eine Akkuzelle mit einem kleinen Windrad geladen werden. Der Stromverbraucher, in diesem Fall eine Leuchtdiode, wird mit der erforderlichen höheren Spannung über den Spannungswandler betrieben.

6.3.1.2 Solarzellen-Spannungswandler

Preiswerter fertiger Baustein der Fa. Kemo (Liefernachweis, Lemo-Solar). Der Wandler ist vorgesehen für den Ladebetrieb eines 12-V-Akkus mit wenigen Solarzellen. Er liefert nach der Gebrauchsanweisung bei Eingangsspannungen von 0,9 bis 3 Volt eine geregelte Ausgangsspannung von 15 Volt, also ideal um 12-Volt-Akkus zu laden. Mit Hilfe einer entsprechenden Zenerdiode kann die Ausgangsspannung auch reduziert werden. Die maximale Leistung ist mit 7 Watt und der Wirkungsgrad mit 50 – 85 % angegeben.

Diesen Wandler habe ich auch mit Windgeneratoren getestet und Folgendes herausgefunden:

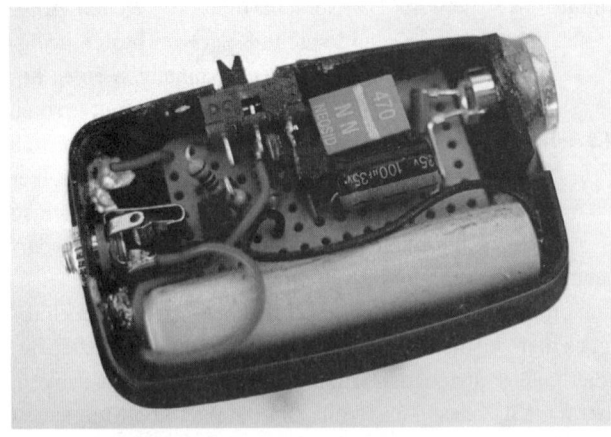

Abb. 6.13 Foto LED-Spannungswandler eingebaut in einer kleinen Schnupftabaksdose. Die ultrahelle LED wird mit nur einer 1,2-V-NiMH-Akkuzelle betrieben. Zu sehen ist auch die Ladebuchse für einen 2,5 mm Klinkenstecker. So kann die "Taschenlampe" an einem kleinen Windrad oder mit einem Solarmodul aufgeladen werden.

Abb. 6.14 Foto Solarzellen-Wandler. Zu sehen sind die Klemmen für Eingangs- und Ausgangsspannung und in der Mitte für eine Zenerdiode, mit der die zu erreichende End-spannung auf den Wert der ver-wendeten Zenerdiode reduziert werden kann, um den ange-schlossenen Akku nicht zu überladen.

Eingangs-spannung	Eigenstrombedarf	Ausgangsspannung (Leerlauf)	Pos.
0,43 V	16 mA	11,0 V	1
1,25 V	82 mA	13,0 V	2
1,66 V	30 mA	14,6 V	3
1,80 V	28 mA	14,6 V	4
2,03 V	28 mA	14,6 V	5

Ab Pos. 4 ändern sich die Werte bezüglich Eigenstrombedarf und Ausgangsspannung nicht mehr gravierend.

Somit kann ein Windgenerator ab ca. 2 V einen Akku von 12 V zwar bei der niedrigen Spannung mit geringem Ladestrom, aber immerhin, überhaupt laden! Läuft der Windgenerator dann bei mehr Wind schnel-ler, erhöht sich auch die Generatorspannung linear zur Drehzahlerhöhung und damit auch der Ladestrom.

Spannungswandler in ähnlicher Art und Spannungswandler-ICs gibt es in verschie-denen Leistungsklassen beim Elektronik-

Versand. Oft zur Wandlung von z.B. 5 V DC zu 12 V DC.

6.3.2 DC-Spannungsverdoppler

Ein oft verwendetes Prinzip, um kleinere Spannungen zu verdoppeln oder zu vervielfachen. Man findet es in elektronischen Schaltungen und Kleincomputern auch als Ladungspumpe bezeichnet. Eine elektronische Schaltung soll z.B. mit 2 Batterie- oder Akkuzellen betrieben werden, für die ICs wird aber mindestens 5 Volt stabilisierte Spannungsversorgung gebraucht. Die 3 Volt der zwei Batteriezellen wird auf ca. 5,8 V verdoppelt und mit einem Low-Trop-Spannungsregler auf 5 Volt stabilisiert (siehe auch 6.2.1.1).

Auch zur Erzeugung von sehr hohen Hochspannungen, wie sie z.B. im Fernseher benötigt werden, gibt es so genannte Hochspannungskaskaden, bestückt mit entsprechend hochspannungsfesten Dioden und Kondensatoren.

Das Prinzip ist einfach und wirkungsvoll und der Wirkungsgrad ist relativ gut (über 90 %):

Funktionsprinzip:

Mit einem schnell schwingenden Mulivibrator wird ein Ende des Lade-Kondensators ständig zwischen Masse und der positiven Versorgungsspannung hin und her geschaltet. Damit die verdoppelte Spannung in die richtige Richtung abfließt, ist der Kondensator mit Dioden und einem Pufferkondensator gekoppelt. Damit die Verluste durch die Dioden möglichst gering gehalten werden, verwendet man Schottkydioden mit einer Durchlassspannung von ca. 0,3 V(Siliziumdioden dagegen haben eine Durchlassspannung von ca. 0,7 bis 0,8 V).

6.3.2.1 Spannungsverdoppler für Relais

Ein Relais benötigt eine höhere Schaltspannung und eine niedere Haltespannung, bei der das Relais noch nicht abfällt.

Im Folgenden wird eine Schaltstufe vorgestellt, bei der z.B. ein 6-Volt-Relais mit 3,6 Volt oder 5 Volt betrieben werden kann. Dies ist erstens stromsparend, bei der halben Spannung beträgt die Leistungsaufnahme nur noch 25 % und zweitens praktisch, da es für diesen Spannungsbereich selten günstige Relais gibt. Gerade in Verbindung mit TTL-Ausgängen und Solar-/Windkraftschaltungen eine sinnvolle Anwendung.

Die Schaltung wird mit einer Spannung betrieben, die etwas höher als die Haltespannung des Relais ist. Solange der Eingang offen ist, wird der Kondensator C1 über den Widerstand R1 bis zur Betriebsspannung aufgeladen. R2 liegt dann an + der Betriebsspannung, so dass der Transistor sperrt.

Wenn der Eingang geschlossen wird, wird die Basis des Transistors über R2 an Masse gelegt, der Transistor leitet und das Relais erhält Strom. Der positive Pol des Elko C1 ist mit Masse verbunden, sein Minuspol befindet sich auf negativem Potential und somit ist die Spannung fast doppelt so hoch wie die Betriebsspannung der Schaltung.

6.3.2.2 Spannungsverdoppler-Bausatz

Hier nun eine einfache und wirkungsvolle Spannungs-Verdopplerschaltung, die es auch bei der Fa. Conrad als Bausatz gibt.

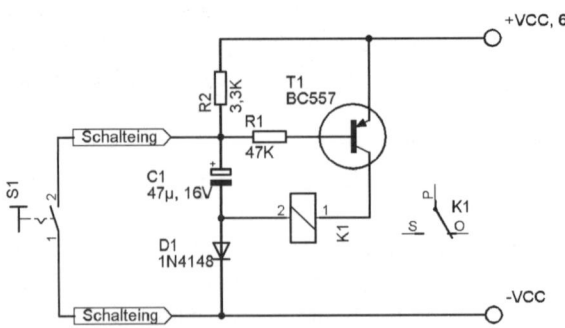

Abb. 6.15 Schaltplan Spannungsverdopplung für das Relais. Der Eingangsschalter ist symbolhaft zu verstehen. An dieser Stelle kann ein Transistorsignal, z.B. vom Windgeschwindigkeitsmesser kommend, das Relais auslösen.

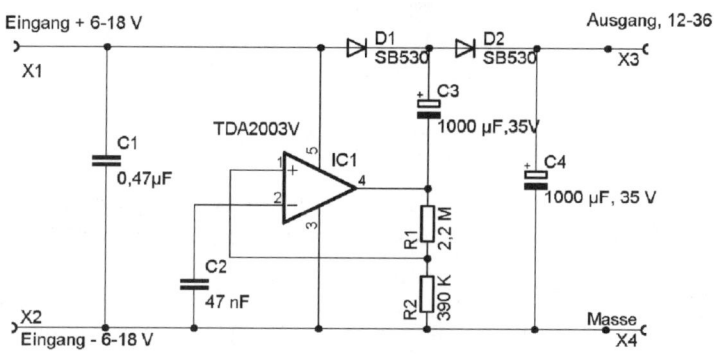

Abb.6.16 Schaltplan DC-Spannungsverdoppler mit dem NF-Verstärker IC, TDA 2003V und ein paar wenigen Bauteilen wie Schottkydioden, Widerstände und Kondensatoren. Die Kondensatoren müssen für die erhöhte Ausgangsspannung mit einem höheren Spannungsbereich gewählt werden.

Kernbauteil ist ein integrierter NF-Verstärker, durch den rückkoppelnden Spannungsteiler als Rechteckgenerator beschaltet. Mit dem Kondensator C2 mit 47 nF schwingt der Multivibrator mit 5 kHz. Die Kondensatoren und die Schottkydioden verhelfen dann, wie bereits in 6.3.2 beschrieben, zur Spannungsverdopplung. Angegeben ist der DC- Spannungswandler mit folgenden Daten:

Eingangsspannung 6 -18 Volt

Ausgangsspannung ca. 12–36 Volt Ausgangsstrom ohne Kühlkörper 0,5 A und mit ausreichendem Kühlkörper bis zu 2,0 A

Bei mir läuft die aufgebaute Schaltung schon über Jahre in meiner Solaranlage. Ein kleines 6-Volt-Solarmodul betreibt direkt über den Spannungswandler die Pumpensteuerung (12 Volt) mit 8-14 Volt für die solare Warmwasserversorgung. Der Vorteil: die Pumpensteuerung braucht nur Strom wenn es hell ist, nachts ist sie aus.

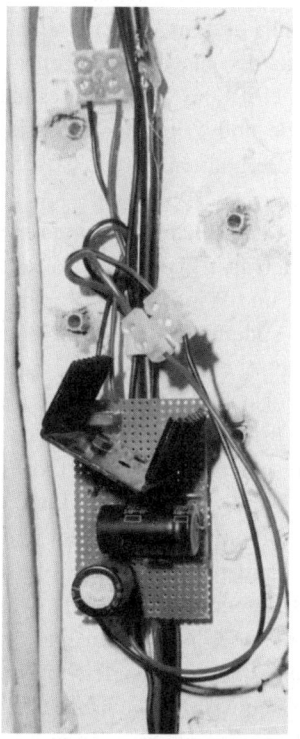

Abb. 6.17 Foto Spannungswandler Eigenbau auf Lochrasterplatine als Spannungserhöhung von Solarmodul 6 V zu der Pumpensteuerung im Heizungskeller montiert.

Anwendungsmöglichkeiten

7

7.1 Kombination von Windkraft und Solarenergie

Im Sommer scheint die Sonne oft volle Pulle aber es gibt kaum Wind. Nachts scheint keine Sonne und im Winter sind es weniger Sonnenstunden als im Sommer, dafür gibt es aber mehr Wind. Also liegt es nahe, Sonnenenergie und Windenergie zu kombinieren. Bei Berghütten wird dies schon lange so praktiziert.

Die Lade- und Speichertechnologie ist beim Inselbetrieb fast gleich und so können Solarmodul und Windrad im Prinzip mit dem gleichen Laderegler die Akkus laden. Inselbetrieb heißt, dass das System eine Inselanlage ist, also keine Verbindung zum allgemeinem, öffentlichen Stromnetz besteht.

Im Unterschied dazu gibt es die Einspeiseanlagen, die den geernteten Strom in das öffentliche Stromnetz einspeisen und den für den Haushalt notwendigen Strom aus dem Netz entnehmen. Es sind hierbei keine Speicherakkus erforderlich und das öffentliche Stromnetz dient als Ausgleichpuffer für Energieüberschuss bzw. Mehrbedarf des Haushaltes. Je mehr Solaranlagen auf der ganzen Welt verknüpft werden, desto ausgeglichener kann die Bilanz werden.

Einspeisung mit Windstrom ist ebenso möglich wie die Einspeisung des Solarstromes. Dies lohnt sich aber erst ab 1 kW Leistung und ist im Rahmen des Eigenbaues nicht sinnvoll und von den Netzbetreibern auch nicht gestattet.

Mit Solarenergie und Windenergie können wir jedoch zahlreiche Geräte betreiben, Akkus aufladen, Fahrzeuge betreiben, Wasser pumpen, Gewässer belüften, usw. und dies ohne für die Betriebsenergie zu bezahlen oder einen Stromanschluss zu benötigen. Durch die Kombination fließt je nach Tageszeit, Jahreszeit und Wetter in der meisten Zeit Naturenergie in unsere Akkus.

Auch ist es praktisch und sinnvoll, eine zentrale Energiespeicherung aus Solar- und Windenergie zu haben. Meine „Hausenergieanlage" besteht aus einigen großen Gelakkus, gebraucht von einem Elektroautohändler erstanden, einigen Arten von Solarmodulen, die sich im Lauf der Zeit angereiht haben und der nötigen Regelelektronik. Viele Anwendungen betreibe ich direkt mit der aus der Natur geernteten Energie.

So kann auch dieser Strom für Kleinverbraucher wie z.B. Antennenanlage, Klingelanlage, Telefonanlage, Alarmeinrichtung, Entkalkungseinrichtung, usw. direkt genutzt werden. Diese Einrichtungen können direkt mit Nieder-Gleichspannung im Bereich von 12 bis 24 Volt betrieben werden. Abgesehen davon, dass wenn der öffentliche Strom ausfällt, hier eine Versorgung weiterhin gewährleistet ist, spart dies auch eine Menge Energie und Stromkosten. Die Netzteile der Niederspannungseinrichtungen brauchen nämlich am meisten Strom für die Umwandlung von 230 Volt auf die Niederspannung. Dies ist auch daran zu erkennen, dass die Netzteile warm sind und manchmal schrecklich brummen.

Auch können kleine Akkus bei Bedarf schnell und auch nachts aus dem zentralen Energiespeicher geladen werden. Im Bereich meiner Heimstation mache ich es so. Die kleinen Akkus werden in 2–3 Stunden mit Ladeimpulsen und entsprechender Überwachung schnell und effizient voll geladen. Bei Elektronikfirmen wie z.B. Conrad gibt es inzwischen auch mikroprozes-

sorgesteuerte Ladegeräte mit 12-Volt-Anschluss, die sich für den Betrieb an Wind- und Solaranlagen sehr gut eignen.

Selbst Fahrzeuge können mit Wind- und Solarstrom prima geladen werden. Bei kleineren Solar- und Windanlagen eher kleinere Fahrzeuge wie z.B. Elektrofahrräder.

Mit einem Lüftermotor, ausgestattet mit Reibrolle, hab ich einen Zusatzantrieb für das Fahrrad gebaut, lange bevor es so was zu kaufen gab. Der besondere Gag, mit einem Gasdrehgriff vom Mofa wird die Vorrichtung über einen Bowdenzug mit dem Antrieb an den Reifen gedrückt und gleichzeitig über einen Mikroswitchschalter über ein Relais der Motor mit dem Akku verbunden. Und los geht´s. Bergrunter kann damit

Abb. 7.1 Foto Fahrrad mit Elektroantrieb. Zu sehen ist die Halterung für den Lüftermotor, der Bowdenzug und der Mikroswitchschalter sowie weiter vorne, unterhalb des Sattels, die abnehmbare Box in der sich die Akkus und das Leistungsrelais befinden.

7

Strom in den Akku gebremst (geladen) werden. Das schont die Bremsen und bringt Unterstützung für den nächsten Berg!

7.2 Allgemeiner Gebrauch

Im Folgenden sind auch einige Schaltungen und Anwendungen aufgeführt, die sowohl mit Windenergie, wie auch mit Solarenergie betrieben werden können.

Wer noch mehr mit Solarenergie experimentieren möchte, dem sei das kleine Solarwerkbuch, im gleichen Verlag erschienen, empfohlen.

7.2.1 Spartaschenlampe

Die inzwischen verfügbaren ultrahellen weißen LEDs erobern den Markt der Taschenlampen. Mit wenig Stromverbrauch und langer Lebensdauer des Leuchtmittels eine gut zu handhabende Technik.

Die ultrahellen weißen LEDs haben ihr Lichtmaximum (bei höchstem Wirkungsgrad) bei etwa 3,6 V und haben dabei ca. 20 mA Stromaufnahme. Die käuflichen Ta-

schenlampen werden in der Regel mit 3 Batteriezellen mit gesamt 4,5 Volt betrieben. Für die LED ist ein Vorwiderstand vorgeschaltet, damit die Betriebsspannung bzw. eigentlich der Stromverbrauch auf die LED angepasst wird.

Mit 3 Restpostenakkus lassen sich da wundervolle Taschenlampen basteln, ohne Vorwiderstand und daher viel effizienter als die

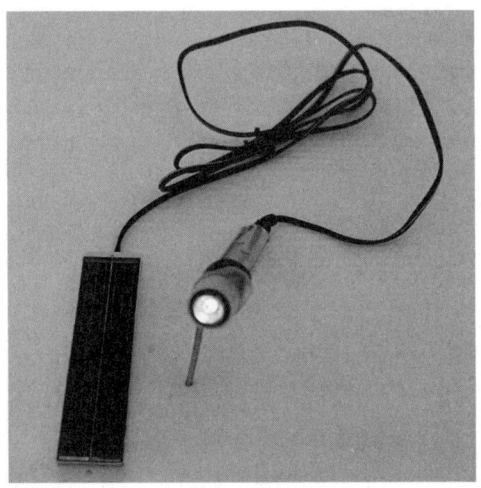

Abb. 7.3 Foto Reisetaschenlampe mit Solarmodul

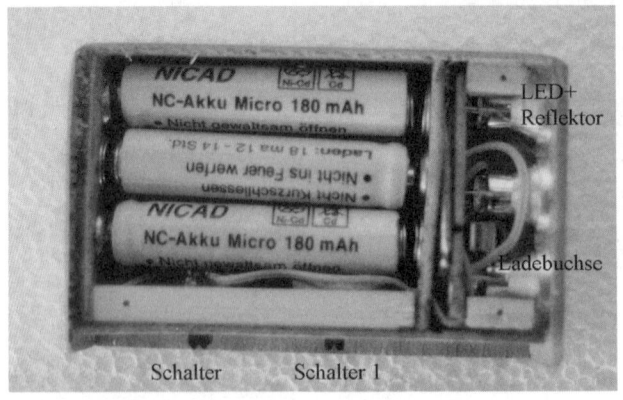

Abb. 7.2 Fotos von einer Eigenbau-LED-Taschenlampe mit drei ultrahellen LEDs mit Reflektor. Es gibt zwei Schalter. Mit Schalter 1 wird die Taschenlampe ein- und ausgeschaltet, mit dem anderen wird zwischen einer LED und allen Dreien umgeschaltet. Quasi eine Taschenlampe mit Auf- und Abblendlicht!

gekauften Taschenlampen und dazu noch mit Solar- und Windstrom zu laden.

Der Umfang der Taschenlampe wird lediglich um die Akkus und eine kleinen Ladebuchse erweitert.

Die in 7.3 abgebildete Taschenlampe wurde mit einem Restpostenakku, einer Aluhülse, einer ultrahellen LED mit Reflektor, einem kleinen Taster und der Ladebuchse realisiert. Das Solarmodul stammt von Lemo-Solar (siehe Liefernachweise), die Solarzellen sind in Schindeltechnik hinter einer Plexiglasscheibe aufgebaut. Das Modul bringt ca. 6 V bei 45 mA bei einer Sonneneinstrahlung von 1000 W/ m².

7.2.2 Salzkristallleuchte

Salzkristallleuchten sollen durch die Erwärmung des Salzkristalles mit Hilfe der Glühlampe negative Ionen (was sehr positiv zu bewerten ist) in die Luft abgeben, die für das gute Klima und das Wohlbefinden sehr förderlich sein sollen. Ich finde, dass, abgesehen von dem Vorigen, einfach auch das Licht sehr schön ist. Das Einzige, was mich davon abgehalten hat, so ein Ding ständig zu betreiben, ist der Stromverbrauch aus der Steckdose. So hab ich eine defekte Solargartenleuchte repariert und umfunktioniert. Der Gag: wenn es draußen dunkel wird, schaltet sich die Solar-Salzkristallleuchte in meinem Zimmer ein und brennt ein paar Stunden, bis ich ins Bett gehe und der NiCd-Restpostenakku leer ist. Die Lampe hat nämlich auch eine Abschaltautomatik (Unterspannungsabschaltung wie in 5.2.4 beschrieben). Wobei, dem NiCd-Akku würde es auch nichts ausmachen, wenn er ganz entladen werden würde.

Wenn Ihr Euch auch so etwas basteln möchtet, gerade aber keine defekte Solar-Gartenleuchte zum reparieren habt, so geht es auch mit der folgenden Schaltung in etwas geänderter Form.

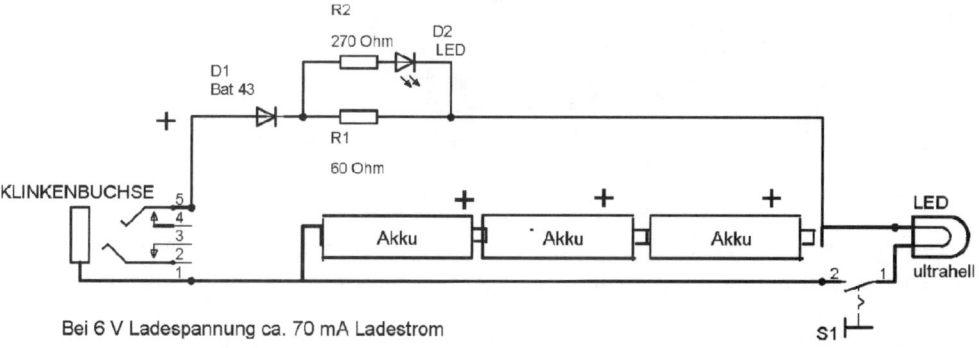

Abb. 7.4 Schaltplan Taschenlampe. Die Beschaltung mit den beiden Widerständen der Schottkydiode und der LED ist für den Bedarfsfall mit eingezeichnet. Damit können die Akkus an jeder 6-V-Wind- oder Sonnenstationsbatterie geladen werden. Die Widerstände bestimmen den Ladestrom, wobei ein Teil mit 60 mA über R1, der andere mit 10 mA über R2 und die LED gehen. Die LED fungiert als Ladekontrolle. Bei 12-V-Spannungseingang verdoppelt sich der Ladestrom in etwa auf 140 mA. Wenn das bei 12 V zu viel Ladestrom ist, müssen Widerstände mit höherem Widerstandswert eingebaut werden.

Abb. 7.5 Foto Salzkristallleuchte von schräg unten. Zu sehen sind die Elektronik, rechts unten der NiCd-Akku und die Leuchtstoffröhre.

Abb. 7.6 Foto Solarmodul der Salzkristallleuchte, draußen eingebettet zwischen dem Efeu.

7.2.3 Automatisches Nachtlicht

Bei der folgenden Schaltung erfüllen die kleinen Minisolarmodule*) gleich zwei

*) Minimodule: Ein kleines Solarmodul bestehend aus 6, auf einer Pertinaxplatte von 28 x 58 mm, montierten polykristalline Solarzellen mit der Größe 9 x 24 mm. Mit einer Spannung von ca. 3 V und einem Strom von 22 mA eignet es sich sehr gut für kleine Anwendungen wie solarbetriebene Messgeräte, Taschenlampen usw. Das kleine Modul oder etwas Ähnliches ist bei Lemo-Solar erhältlich.

Funktionen. Sie laden den Akku und schalten das Nachtlicht ein, sobald kein Licht mehr auf sie scheint.

Die Schaltung funktioniert so: Beim Laden fließt von den Solarzellen zum Akku ein Strom über die Diode. Die dadurch anfallende Spannungsdifferenz schaltet den Transistor T1 durch, d.h. T1 leitet, T2 dagegen sperrt. Wenn kein Licht

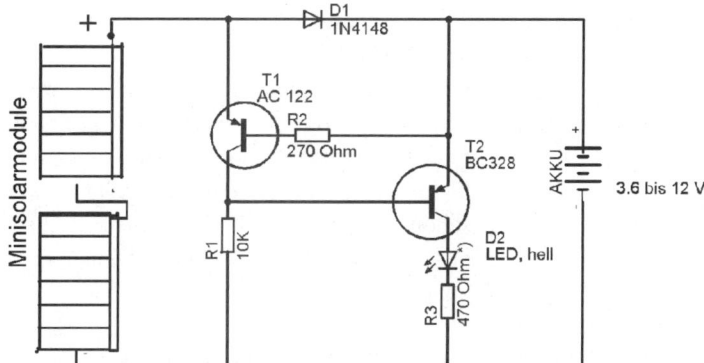

Abb. 7.7 Schaltplan Nachtlicht

mehr auf die Solarzellen fällt, gibt es keinen Spannungsabfall über D1 und T1 sperrt, über R1 wird T2 leitend und durch die LED fließt Strom aus dem Akku, sie leuchtet.

Wesentlich ist der Germaniumtransistor T1, der schon bei der geringen Spannungsdifferenz schaltet. Die Akkuspannung kann von 3,6 V bis 12 V gewählt werden. Der Vorwiderstand für die LED bei 20 mA ist ent-

Abb. 7.8 Foto Nachtlicht ausgestattet mit zwei Minisolarmodulen und einem kleinen 3,6 V NiMH-Puffer-Akku

7

sprechend der Akkuspannung wie folgt zu wählen:

Akkuspannung Volt	Vorwiderstand R3,
–	
6	220
12	470

Meine Originalschaltung ist mit einer hellen orangefarbigen LED aufgebaut und hängt am Fenster. Wenn es dunkel ist, kann ich dann ohne Licht anzumachen durch den Raum gehen. Der kleine Akku lässt die Leuchtdiode auch nur ein paar Stunden brennen, wenn die Akkuspannung unter der Betriebsspannung der Leuchtdiode abgefallen ist, wird es einfach dunkel und der Akku wird am nächsten Tag wieder aufgeladen. Für den Fall, dass das Notlicht die ganze Nacht brennen muss, wird halt einfach die Modulfläche und die Akkukapazität vergrößert.

Natürlich kann die Schaltung auch ein Relais ansteuern, welches dann z.B. den mit Windkraft geladenen Akku des Nachts als Notbeleuchtung einschaltet. Der Vorteil, die Schaltung selbst braucht nicht wie andere Dämmerungsschalter ständig Strom, um herauszufinden, ob es jetzt hell oder dunkel ist.

Beispiele zur Schaltungsanwendung:
- Salzkristallleuchte
- Solarkerze
- Hausnummernbeleuchtung
- Nachtlicht

7.2.4 Ladeanwendungen und Akkumulatoren

Für die Laderegelung von Akkus wurden bereits in Kapitel 5.2 entsprechende Schaltungen vorgestellt. Über die Akku-Technologien und Besonderheiten könnte ich schon ein ganzes Buch schreiben, deshalb nur ein paar mir wichtige Dinge ganz knapp:

7.2.4.1 Bleiakkumulator

Autoakkus oder spezielle Solarbatterien sind robust und preiswert. Mancher alter Autoakku kann noch längere Zeit an der Wind- und Solaranlage betrieben werden, da die geringeren Entladeströme den Akku nicht so stressen. Sehr gut geeignet sind Traktionsakkus z.B. aus Elektrofahrzeugen, bei denen wir auch schon kaputte Zellen herausgesägt haben (Vorsicht, zuerst Säure entsorgen, ätzend!) und die guten Teilakkus wieder zusammengeschaltet haben. Oder gar Panzerplattenakkus aus Notstromversorgungen. Von der Post oder aus Krankenhäusern gibt es zum Teil solche als Einzelzellen, in Wannen, die gereinigt und mit neuem Elektrolyten aus 40%iger Schwefelsäure befüllt werden können. Das Problem von alten Akkus ist oft der Bleischlamm, der sich am Grund der Akkuzelle absetzt (Sondermüllentsorgung!) und dadurch einen Zellenkurzschluss verursacht. Weiteres Problem ist die Sulfatierung der Bleioberfläche, wenn der Akku zu lange unbenutzt und vor allem schlecht geladen oder entladen steht. Dadurch wird die Oberfläche quasi versiegelt und der chemische Prozess des Ladens und Entladens kann nicht mehr stattfinden. Um dieses Problem gibt es zahlreiche Geheimtipps und Wunderwässerchen, die die

Sulfatierung wieder auflösen sollen. Nach meiner Erfahrung helfen aber alle Maßnahmen nicht wirklich.

Wichtig ist auch noch zu wissen, dass die Kapazität der Bleiakkus auf die Entladezeit und damit auf den Entladestrom bezogen wird. Bei Autoakkus auf 20 Stunden (C 20) bei Solarakkus auf 100 Stunden und bei Traktionsakkus auf 5 Stunden. Wenn der Akku nämlich mit einem höheren Strom in kurzer Zeit entladen wird, ist die verfügbare Kapazität sehr viel geringer (Faustregel, Verdoppelung des Entladestromes und damit Halbierung der Entladezeit bedeuten in etwa 30 % weniger Kapazität).

Inzwischen besteht die Möglichkeit, alte Akkus vollständig zu recyceln, bei neuen Akkus wird ein Rückgabe-pfand abkassiert.

Ladeendspannung pro Zelle, ca. 2,35–2,39 V (Gasung)

7.2.4.2 Wartungsfreier Blei-Gel-Akkumulator

Ähnliches wie vorhin gilt auch für die Bleigelakkus, nur dass der Elektrolyt, bestehend aus Schwefelsäure und Phosphorsäure in einem SiO_2-haltigen Gel eingelagert ist. Vorteile sind Lageunabhängigkeit und Wartungsfreiheit. Die Selbstentladung liegt bei ca. 0,5 bis 2 % und somit weit unter der von Bleisäureakkus mit bis zu 15 %.Wie schon im Text erwähnt, darf der Gelakku nicht über die Ladeendspannung geladen werden, da sonst die Sicherheitsventile öffnen und den nicht wiedereinfüllbaren Inhalt abblasen. Blei-Gel-Akkus reagieren auf Tiefentladung nicht so empfindlich wie Bleisäure-Akkus. Auch besteht im Vergleich keine so große Gefahr der Zerstörung bei entladenem Akku und Frost.

Ladeendspannung ca. 2,3 V pro Zelle
Entladeschlussspannung 1,75 V pro Zelle

7.2.4.3 Nickel-Cadmium-Akkumulator

NiCd-Akkus gibt es sowohl als offene (für Traktionsfunktionen) wie auch als gasdichte Akkuzellen. Der Zellendeckel enthält dann eine wiederverschließbare Drucksicherung, die bei Überladen mit hohem Strom den Inhalt abblasen kann.

Auch hier ist die entnehmbare Kapazität vom Entladestrom abhängig. Bei einer durchschnittlichen Akkuzelle und einer Entladetiefe bis 1,1 Volt ergeben sich folgende Werte: bei 1C, entspricht Entladung der Akkukapazität in einer Stunde, sind so noch 80 % der Kapazität nutzbar, bei C/5 in etwa 90 % der Kapazität und bei C10 etwas mehr als 100 %.

Beschleunigtes Laden bis 3C, d.h. einem Drittel der Kapazität und Schnellladen mit 3C bis 5C. Standardladen mit 10C oder C/10, was das Gleiche bedeutet.

Selbstentladung ca. 10–15 % /Monat bei Zimmertemperatur, Verdopplung pro 10 °C Temperaturerhöhung.

Memoryeffekt: wird ein Akku wieder aufgeladen, bevor er völlig entladen wurde, so bilden sich nach mehreren Wiederholungen große Cadmiumkristalle an der negativen Seite aus, die die noch nicht entladene „Restkapazität" überdecken und damit nicht mehr zugänglich machen. Wenn sich der Effekt eingestellt hat, den Akku mit hohen Strömen (zum Teil hilft kurzschließen) ein paar Mal völlig entladen und wieder laden.

Ladeendspannung 1,52 V

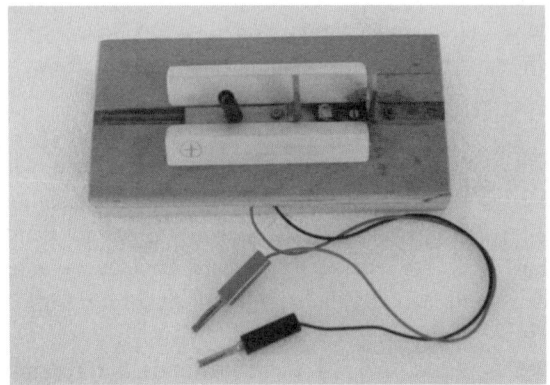

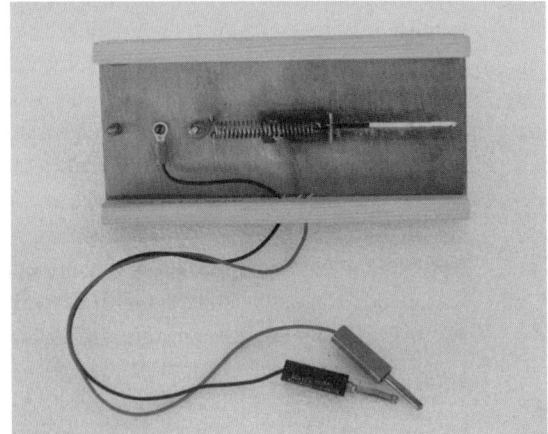

Abb. 7.9 und 7.9a Fotos Akkuhalter von vorne und von hinten. Mit einem variablen Akkuhalter können alle Zellenformen praktisch geladen werden.

7.2.4.4 Nickel-Metallhydrid-Akkumulator

Als Hauptunterschied zum NiCd-Akku hat die NiMH-Zelle anstelle des metallischen Cadmiums eine Metalllegierung, die fähig ist Protonen zu speichern. Bei gleicher Bauform können 50–100 % mehr Energie ge-

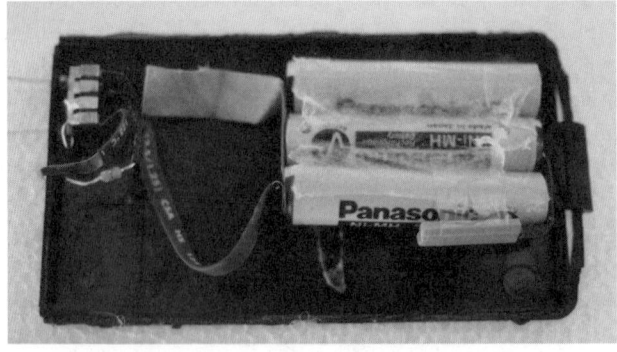

Abb. 7.10 Foto NiMH-Akkuzellen preiswert vom Restpostenmarkt (ehemaliger Handyakku).

speichert werden. Dafür hat die Zelle aber eine schlechtere Hochstromfähigkeit und eine geringere Zyklenzahl, d.h. der Akku kann weniger oft entladen und geladen werden als die NiCd-Zelle. Da ohne Cadmium, ist der Akkutyp mitweltfreundlicher und es gibt keinen (fast keinen) Memoryeffekt, dafür aber eine höhere Selbstentladung von ca. 20–25 % pro Monat bei Zimmertemperatur.

7.2.4.5 Lithium-Ionen-Akkumulator

Im Vergleich zu NiMH-Akkuzellen mehr als die doppelte Kapazität bei gleichem Gewicht. 3–4 mal so teuer wie baugleiche NIMH-Akkus. Durch die enorme Kapazität eingesetzt im Mobilfunkbereich und bei tragbaren Elektronikanwendungen jeglicher Art, bei der es auf Gewicht und Größe ankommt. Lithium-Akkus haben eine sehr hohe Einzelzellenspannung von typ. 3,6 V und haben, wenn die äußeren Parameter eingehalten werden, eine hohe Zyklenzahl ohne dass die Kapazität wesentlich nachlässt. Die Bauform ist meist als Hohlwickel oder in prismatischer Form als mm-dünnes, kleines Sandwichpaket ausgebildet.

Für Laden und Entladen wird ein komplexes Akkumanagement eingesetzt (welches sich zum Teil schon im Akku befindet), welches Spannungen, Ströme und Temperaturen überwacht und regelnd eingreift. Die Ladung beginnt üblicherweise mit einem Konstantstrom und endet mit einer Konstantspannung.

Die Entladeschwelle liegt typenabhängig bei ca. 3 V
Die Ladeendspannung bei 4,2 V

7.3 Haus

Die Hausanlage mit 12-V- oder 24-V-Akkuspeicher ist eine gute Sache. 12V ist gut, wenn viele Geräte mit dieser Spannung betrieben werden und die Leitungslängen sowie die darüber transportierten Leistungen eher gering sind. Sonst ist es sinnvoller, die zentrale Anlage als 24-V-Speicher auszubilden und dann die erforderlichen Spannungen durch entsprechende Regler herzustellen. Strom für Kleinverbraucher wie z.B. Antennenanlage, Klingelanlage, Telefonanlage, Alarmeinrichtung, Entkalkungseinrichtung, usw. sollte direkt genutzt werden. Diese Einrichtungen können direkt mit Nieder-Gleichspannung betrieben werden. Meist werden sie von einem Steckernetzteil versorgt. Die Daten des Netzteiles findet man häufig auf der Unterseite aufgedruckt. Wenn nicht durch einen Aufdruck angegeben, kann die Spannung unter Last gemessen werden. Auch die Steckerpolung könnt Ihr dann gleich mit einem Vielfachmessgerät herausfinden.

Viele Geräte laufen mit 12 Volt. Braucht es in Ausnahmen eine höhere Spannung, als die Hausanlage dies hergibt, kann auch die Spannung mit dem in Kapitel 6.3 beschriebenen Spannungswandler angepasst werden.

Hier einige weitere Geräte, die sich gut eignen, aus der Wind-/Solaranlage versorgt zu werden:

- Stereoanlage
- Laptop
- Zimmerbrunnen
- Drahtlose Telefonanlage
- Anrufbeantworter
- Akkuladestation

Wenn die Spannung unter der Systemspannung liegt, gibt es folgende Möglichkeiten,

7

7

diese auf die entsprechende Versorgungsspannung zu bringen:

7.3.1 Spannungsanpassung mit Dioden
Eine sehr einfache Art, die Spannung an den Verbraucher anzupassen, ist die Verwendung mehrerer Dioden. Eine Siliziumdiode hat eine Durchlassspannung von 0,7–0,8 V.
Beispiel: Um die Spannung von 12 V auf 9 V zu reduzieren, kann man durch in Reihe schalten von z.B. 4 bis 5 Dioden die Differenzspannung quasi verbraten.

7.3.2 Spannungsanpassung mit Spannungsregler
Sinnvolle Möglichkeit, wenn die Spannung exakt eingehalten werden muss, z.B. bei elektronischen Schaltungen, Anzeigeelektronik usw.

Es wird zwischen positiven und negativen Spannungsreglern unterschieden, je nachdem, ob diese in der Plusleitung oder in der Minusleitung sitzen und dort die Spannung regeln. Wichtig auch, dass Anschlüsse der beiden Vertreter (Postiv-Negativregler) nicht identisch sind und sogar zum Teil auch innerhalb einer Firma die Anschlussbelegungen unterschiedlich sind.

Festspannungsregler gibt es für die Standartspannungen 5 V, 6 V, 8 V, 9 V, 12 V, 15 V, 18 V, und 24 V. Die Spannungsangaben werden garantiert auf 3 % bis 5 % genau eingehalten. Bei diesen Spannungsreglern beträgt die

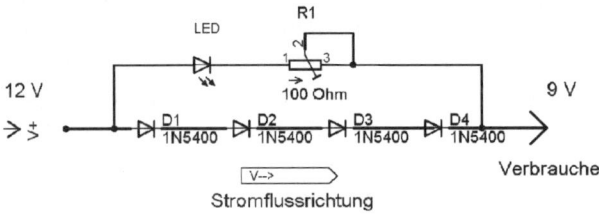

Abb. 7.11 Spannungsanpassung mit Dioden. Zudem kann die Differenzspannung auch noch für eine Leuchtdiode genutzt werden. Damit das Gerät nicht unnötig lange eingeschaltet bleibt, vielleicht sogar eine Blink-LED, die fällt besonders auf.

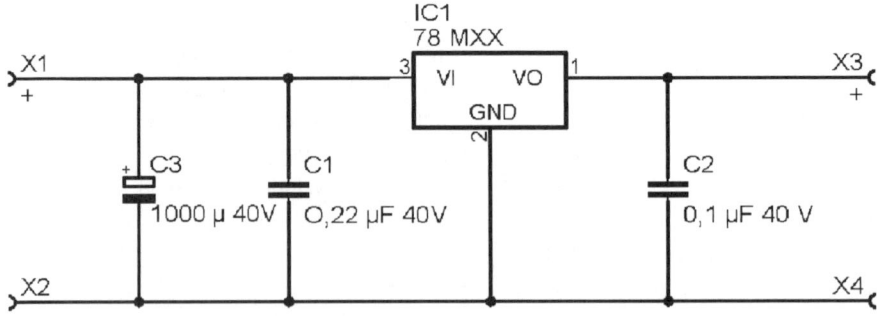

Abb. 7.12 Spannungsregler, Festspannung. Festspannungsregler gibt es für die Stromstärken von 100 mA bis fast 10 A. Ein 7805 regelt die Spannung genau auf 5 V und kann einen Strom von 1 A ab. Ausgangsseitiger Kurzschluss (kurz) ist kein Problem, dagegen nehmen die Spannungsregler eingangsseitige Falschpolung sehr übel.
Wichtig ist auch, dass die Kondensatoren eine dicht beieinander liegende Masse haben, um Schwingneigungen zu unterbinden.

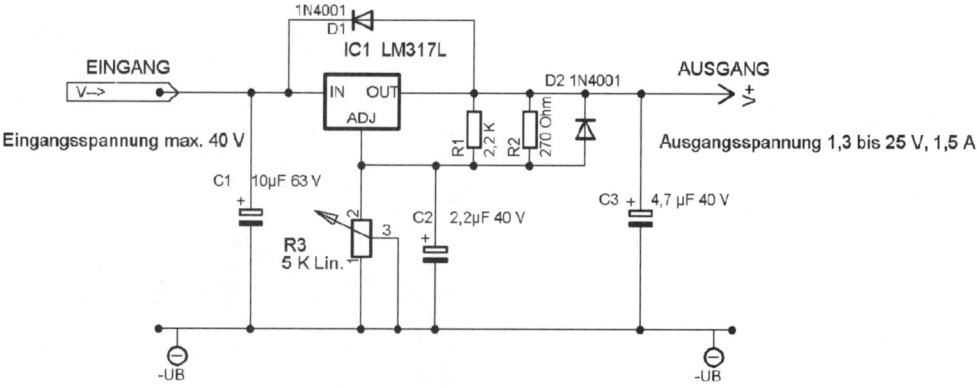

Abb. 7.13 Spannungsregler, variabel, mit dem Regel-IC LM317.Die Widerstände R1 und R2 sind parallel; um auf den geforderten Wert von 240 Ohm zu kommen. Mit einer maximalen Eingangsspannung von 40 V lässt sich eine komfortable Spannungsregelung von 1,3 bis 25 Volt mit einem maximalen Strom von 1,5 A realisieren.

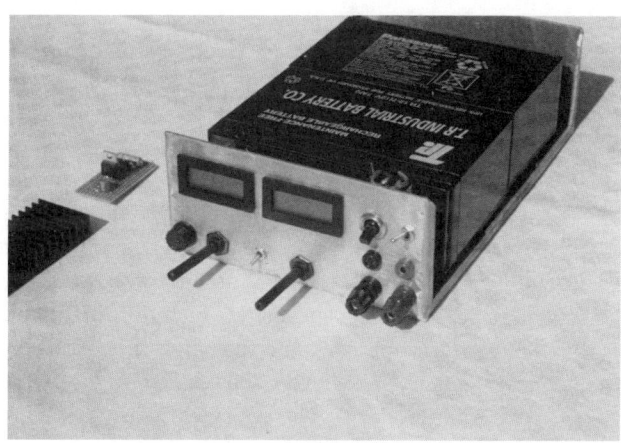

Abb. 7.14 Foto Spannungsregler mit Akkunetzteil. Die Akkus werden durch Wind- und Sonnenenergie ständig geladen und der Strom steht für allerlei Experimente geregelt zur Verfügung. Durch Parallel- und Reihenschaltung der Akkus kann die Spannung optimal an den Spannungsregler angepasst werden.

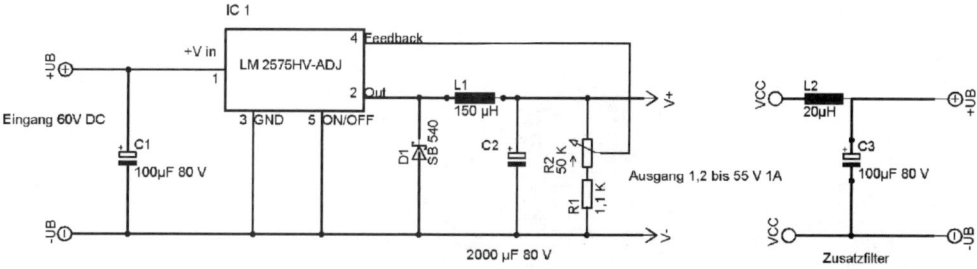

Abb. 7.15 getakteter Spannungsregler

7

minimale Differenz zwischen Eingangs- und Ausgangsspannung 2 bis 2,5 V.

7.3.3 Getakteter Spannungsregler
Bei den vorhergehenden Schaltungen und Beispielen wird die Spannungsdifferenz quasi in Wärme verbraten, hier nicht!

7.4 Garten

7.4.1 Mechanischer Direktbetrieb
Kleine Windräder vertreiben Wühlmäuse, diese mögen die Vibrationen nicht und wandern aus.
Wasserpumpen zur Bewässerung und Füllen von Wassertrögen für Viehtränken.
Vogelscheuchen
Belüftung von Garten und Fischteichen

7.4.2 Über Stromerzeugung
Weidezaunspeisung
Schneckenzaun
Gartenbeleuchtung
Lüftung und Beleuchtung von Gewächshäusern
Vogelscheuchen
Ladestation für elektrische Gartengeräte wie z.B. Akkumäher

Abb. 7.17 Speichenwindrad bespannt mit bunter Folie

7.5 Gartenhaus

Beim Gartenhaus denke ich vor allem an solche ohne Stromanschluss, stehend im Obstgarten oder im Schrebergarten. Beim Gartenhaus ist das Nutzungsprofil eher so, dass die gespeicherte Energie für Licht, Wasserpumpe und sonstige Elektrowerkzeuge am Wochenende oder an wenigen Tagen in der Woche gebraucht wird. Mit Aus-

Abb. 7.16 Foto getakteter Spannungsregler

94

nahme einer eventuellen Alarmanlage, die mitten in den Obstwiesen aber auch nicht so viel nützt. So können Wind und Sonne in geringen Mengen aber auf lange Zeit gespeichert werden.

Windrad oder Kombination aus Windrad und Solarmodul können, vor allem in der Abwesenheit, einen großen 12-Volt-Akku laden, dessen Energie für Licht, Radio, TV, Wasserpumpe usw. beim Besuch des Gartenhauses genutzt werden kann. Mit ein wenig Bastelei kann sogar mit ein paar Akkus direkt geschweißt werden (Siehe Büchlein, Einfälle statt Abfälle)

Windräder sind da erstens preiswerter, passen gut zu der Laubenatmosphäre, zeigen die Windrichtung an (je nach Art des Wind-

rades) und werden zweitens auch nicht so zum Sammelobjekt wie die „wertvolleren" Solarmodule.

Ein Savonius-Rotor aus einer 200-l-Regentonne kann je nach Standort und Generator gut und gern 0,3 bis 0,5 KW bringen und einigen ausrangierten, noch rüstigen Autobatterien zum Gnadenbrot verhelfen.

Eine ganze Reihe von Akkuwerkzeugen arbeiten mit 12 Volt und die Ladeschalen können anstatt mit dem Steckernetzteil direkt an den geladenen großen Akku angeschlossen werden.

Auch Fernseher, Radio, Laptop und andere Elektronikgeräte mit Niederspannungsanschluss lassen sich direkt im Gartenhaus betreiben.

Abb. 7.18 Foto Energiestation mit Anzeigeinstrumenten für Spannung und Strom. Die Anlage ist sowohl für 12V als auch für 24 V angelegt.

7

7.5.1 230 V im Gartenhaus

Für Elektrowerkzeuge oder auch Küchengeräte, die mit 230 V Wechselspannung laufen, gibt es preiswerte Wechselrichter, die die Systemspannung auf die Netzspannung umwandeln.

Natürlich ist bei dieser Umwandlung immer mit Verlusten zu rechnen, und wie folgendes Beispiel verdeutlichen soll, braucht es auch kräftige, gut geladene Akkus, die die hohen Ströme verkraften können.

Elektrogerät mit einer Leistung von 500 Watt und damit einem Stromverbrauch von 2,5 A bei 230 V

Wechselrichter mit Wirkungsgrad von ca. 90 %

Durchschnittsstromaufnahmen vom 12-V-Akku: ca. 54 Ampere!

Bei Betrieb mit 24-Volt-Akkus ist es noch in etwa die Hälfte des Stromes bei 48 V nur noch ca. 13 A. Daher ist es auch sinnvoll, bei viel Wechselrichterbetrieb die Systemspannung auf mindestens 24 V auszulegen.

Werden nur ohmsche Lasten und einfache Elektrowerkzeuge verwendet, eignen sich einfache und preiswerte Rechteckwechselrichter. Sie sind sehr robust und haben einen höheren Wirkungsgrad als Sinuswechselrichter.

Unsere Netzspannung im Haus ist eine sinusförmige Wechselspannung. Stromgeneratoren liefern ebenfalls sinusförmige Wechselspannung.

Der abgebildete Küchenmixer war bei mir schon öfters in dieser Kombination im Einsatz, hat eine Leistungsangabe von 150 W, der DC/AC-Spannungsinverter ist angegeben mit 12 V/230 V und 120 W Leistung. Es handelt sich um ein sehr preiswertes Gerät, mit dem Fernsehgeräte, Audiogeräte, Videorekorder, Rasierapparat, Lampen und auch so ein Küchengerät zum Mixen, Sahne schlagen.... ganz hervorragend betrieben werden können. Die erhöhte Leistungsabgabe für das Küchengerät macht keine Probleme, da eine kurzzeitige Überlastung vom Wechselrichter toleriert wird.

Die Ausgangsspannung beträgt 230 V~ +/- 10 % in Form von modifizierter Rechteckspannung. Der angeschlossene Akku sollte bei der maximalen Leistungsaufnahme von ca. 11 A mindestens eine Kapazität von

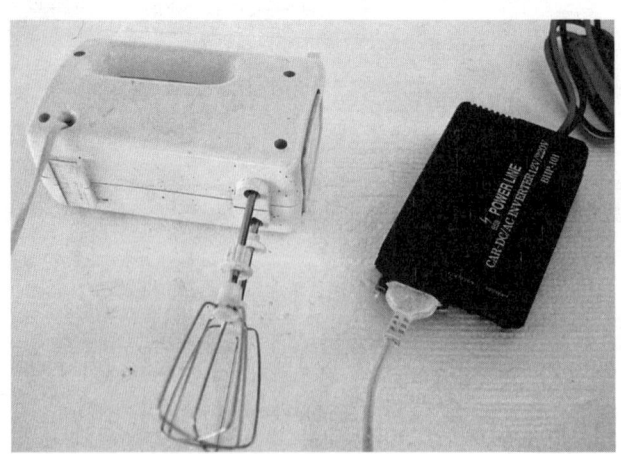

Abb. 7.19 Foto Wechselrichter mit Küchenmixer

35 Ah haben. Auch ist darauf zu achten, dass der Wechselrichter direkt an den Akku angeschlossen wird. Bei Kabelverlängerungen gibt es entsprechend des Kabelquerschnittes, bedingt durch den Innenwiderstand des Kupferkabels, mehr oder weniger Verluste. Daher sollte der Wechselrichter oder andere stromfressende Verbraucher direkt an den Akku angeschlossen werden. Manchmal ist es sogar sinnvoll, einen mobilen Autoakku an den Ort des Verbrauchers zu bringen.

Je nach anzuschließendem Verbraucher muss auf die Wahl des Wechselrichters geachtet werden. So darf z.B. ein Fernseher keinesfalls an einen reinen Rechteckwechselrichter angeschlossen werden. Alle Geräte können jedoch an einen Sinuswechselrichter angeschlossen werden, da dieser wie das 230-V-Netz sinusförmige Wechselspannung liefert.

7.6 Camping

Fürs Camping werden zahlreiche solare Unterstützungen angeboten und es bereitet große Freude, sie selbst zu entwickeln. So zum Beispiel Solardusche, Solargrill und Solar-Paneel für die Zeltbeleuchtung, Radio und TV.

Windräder hab ich auf den Campingplätzen eher noch nicht entdeckt. Aber warum eigentlich nicht? Gerade Wohnwagen, die über Winter auf einem Dauerplatz stehen, könnten damit gut ihre Batterie fit halten. Aber auch ein Zeltlager mit einem mobil aufgestellten Windrad (Dreibeinmast siehe 4.1) stell ich mir klasse vor.

Oder, da bin ich mir sicher, gibt es so coole Bastler, die sich einen zusammenfaltbaren Savonius-Rotor basteln, der, vor Ort aufgebaut, Strom erzeugt, die Sahne schlägt und das Bier kühlt.

7.7 Boot

In den Jachthäfen sind Windräder zuhauf auf den Freizeitsegelbooten vorzufinden. Das ist ja auch der Ideale Standort. Mit einem 20-50-Watt-Windrad (z.B. mit Lüftermotor), lässt sich optimal der Bordakku über die Woche für das Wochenende laden. In Kombination mit Solarenergie kann dann sogar ein elektrischer Flautenmotor (Außenborder) betrieben werden, um z.B. aus dem oder in das Hafenbecken zu kommen. Damit könnte der stinkende Dieselmotor endgültig ausrangiert werden.

Auswahl eines Wechselrichters

Gerät	Art	Geeigneter Wechselrichter
Glühlampen, Wärmegeräte	Ohmsche Last	Rechteck, Sinus, Trapez
Elektromotoren	induktive/ohmsche Last	Rechteck, Sinus, Trapez
Ladegeräte, Netzteile, Fernseher	elektronische Geräte mit Gleichrichter	Sinus
Kompressorkühlschrank, Motoren mit Anlaufkondensator	Kapazitive Last	Sinus

7

Inzwischen gibt es schon professionelle elektrische Antriebe für Freizeitboote und Personenfähren, deren Akkus mit Solarenergie geladen werden. Ein großer Teil des Schiffdecks und des Kajütendaches ist mit zum Teil begehbaren Solarmodulen ausgestattet, die die zum Fahrantrieb notwendigen Akkus in der Hauptsache während der Standzeiten aufladen.

Im Anhang findet Ihr auch noch eine ganze Reihe von Internetadressen für ausführlichere Informationen zu diesem Thema.

Verwendete Bauelemente

8.1 Widerstände

In den Schaltungen mit R bezeichnet. In der Regel sind es vier bis 5 Farbringe, die den Widerstandswert angeben. Das erste und zweite geben den Wert in 0–9, der dritte den Multiplikationsfaktor und der vierte die Toleranz des Widerstandes an. Die Fertigungstoleranz ist für unsere Bastelwerke mit Silber = 10 % und Gold = 5 % gut und ausreichend. In der Praxis ist es sinnvoll, den Farbcodeschlüssel mit einem Vitrohmeter oder einer sog. Widerstandsuhr zu ermitteln. Das ist ein Pappteil für ca. 1,50 € mit drei oder vier Rädchen, an dem die Farbcodes eingestellt werden können und der dazugehörende Wert angezeigt wird.

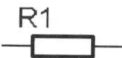

Abb. 8.2 Symbol Widerstand

8.2 Potentiometer, kurz auch Poti

Spindelpotis sind Trimmpotis der besonderen Art. Mit der Einstellschraube wird der Widerstandswert quasi mit einem stark untersetzenden Schneckengetriebe eingestellt. Damit besteht die Möglichkeit, den Widerstandswert sehr fein und exakt einzustellen. Das Foto zeigt das Innenleben eines solchen Teiles.

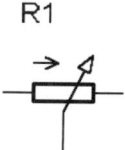

Abb. 8.3 Symbol Poti

Das Potentiometer, kurz Poti, ist ein stufenlos veränderbarer Widerstand, mit Alu- oder Kunststoffachse, die auch entsprechend unseren Erfordernissen abgesägt werden kann.

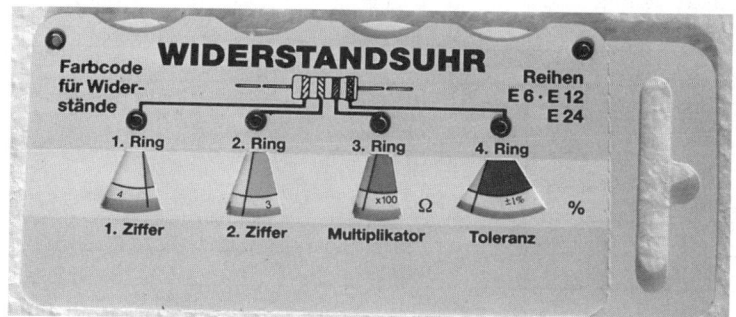

Abb. 8.1 Foto Widerstandsuhr

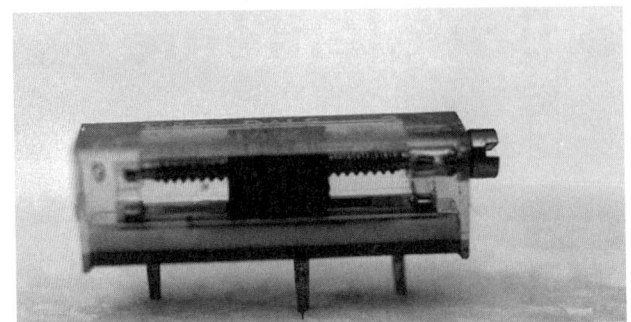

Abb. 8.4 Foto Spindeltrimmer

R1

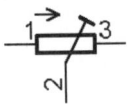

Abb. 8.5 Symbol Trimmpoti

Trimmpotis lassen sich mit dem Schrauben-dreher einstellen und werden für Justierun-gen, z.B. für die Messeinrichtungen ver-wendet. Es gibt jeweils liegende und ste-hende Ausführungen.

8.3 Kondensatoren

In den Schaltungen mit C angegeben. Die Werte sind meist durch Aufdruck angege-ben, selten auch durch Farbringe.

Abb. 8.6 Symbol Kondensatoren

Des Weiteren ist die Spannungsfestigkeit aufgedruckt, sie sollte ca. 20 % über der Betriebsspannung liegen.

Beispiel für den Aufdruck:

Aufdruck	Angabe in µF (mikro- Farad)	mal 1000 = nF (nano-Farad)	mal 1000 = pF (pico-Farad)
n22		0,22 nF	220 pF
2n2		2,2 nF	
0,01	0,01 µF	10 nF	10.000 pF
0,022	0,022 µF	22 nF	
0,047	0,047 µF	47 nF	
0,068	0,068 µF	68 nF	
0,22	0,22 µF	220 nF	
0,47	0,47 µF	470 nF	
0,68	0,68 µF	680 nF	680.000 pF

8.4 Elektrolytkondensatoren, kurz Elko

Abb. 8.7 Symbol Elko

In der Schaltung auch mit C angegeben. Wert durch Aufdruck. Zu beachten ist hier die Polung, meist angegeben durch Pfeil und Minus (–) Symbol, bei liegender Ausführung durch eine Einkerbung beim Pluspol und bei Tantalelkos durch + Zeichen und längeren Anschlussdraht beim Pluspol. Auch die Tantalelkos werden zum Teil mit Farbcodes bedruckt.

Auch hier sollte die Spannungsangabe 20 % über der Betriebsspannung liegen.

8.5 Gold-Caps

Das Foto zeigt gebräuchliche Größen dieses Bauteiles.

Symbol wie bei Elektrolytkondensatoren

Abb. 8.8 Foto Gold-Cap

Kondensatoren mit sehr hoher Kapazität. Aufdruck wie bei den Elkos, Werte im Handel von 0,1 µF bis 50 F !! (Farad), Spannungsbereich jedoch nur von ca. 2 V–5,5 V. Eignen sich hervorragend als Pufferelement in der Anwendung mit Wind- und Sonnenenergie und zwar dort, wo niedrige Verbrauchsströme zu erwarten sind – benötigt keinerlei Laderegelung, da der Gold-Cap nicht überladen werden kann und den Ladestrom automatisch durch seinen internen Widerstand begrenzt, auch Tiefentladung und Kurzschluss sind unproblematisch.

Die als Aufdruck angegebene Spannung darf allerdings nicht überschritten werden! Es ist aber problemlos Reihen- und Parallelschaltung möglich. Durch Reihenschaltung wird der Spannungswert erhöht, durch Parallelschaltung die Kapazität.

Die Teile werden z.B. in Solaruhren, Programmspeichern und solarbetriebenen Messgeräten verwendet – in Japan läuft sogar ein Versuchsbus damit!

Leider zur Zeit noch um einiges teurer als ein Akku mit gleicher Kapazität, dafür aber von der Lebensdauer her unschlagbar.

Hersteller und technische Daten als Beispiel:

Typ:	Philips
Nennspannung Un:	5,5 VDC
Nennkapazität:	0,047 F....1,0 F
Hohe Lebensdauer:	1000 h bei +70°C
C-Toleranz	-20/+80 %
Temperaturbereich:	-25°C bis +70°C.
Anwendung:	Umweltfreundlicher Puffer bei Stromausfall, Back up für CMOS-Speicher

8

Für den, der die Überbrückungszeit des Gold Cap für eine Pufferaufgabe berechnen möchte, hier die Formel:

$$T = \frac{(\,U1 - U2\,)\;x\;C}{I}$$

T = Überbrückungszeit in sec.
U1 = Ladespannung in Volt
U2 = Zulässige Minimalspannung des Gerätes in Volt
I = Stromaufnahme des Gerätes in Ampere
C = Kapazität des Gold Cap in Farad (F)

8.6 Dioden

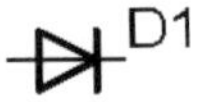

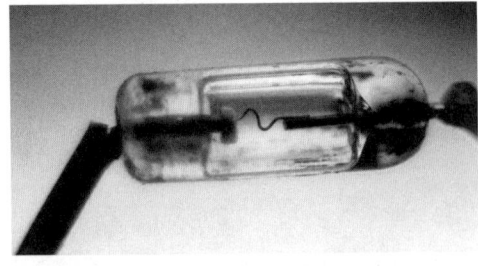

Abb. 8.9 Symbol Diode

In der Schaltung mit D angegeben. Aufdruck der Typenbezeichnung, damit können anhand der Listen die Werte für den max. zulässigen Strom und die Spannung ermittelt werden. Es gibt verschiedene Arten von Dioden, z.B. Silizium- und Germaniumdioden und andere, die sich in den charakteristischen Eigenschaften unterscheiden.

Dioden arbeiten im Prinzip wie ein Ventil, sie lassen den Strom in der einen Richtung durch und in der anderen Richtung sperren sie.

Für die Schalt- und Messmethoden, wie sie in diesem Buch beschrieben sind, verwenden wir die Siliziumdiode. In der Durchlassrichtung beträgt die Schwellenspannung der Siliziumdiode 0,6–0,7 Volt, d.h. wenn wir die Eingangsspannung und die Aus-

gangsspannung der Diode messen, kommt 0,6–07 V weniger raus.

Die beiden Anschlussseiten werden im Schaltbild Anode (beim Pfeil) und Kathode (beim Querstrich) genannt. Der Kathodenanschluss ist am Gehäuse der Diode durch einen Ring oder einen Farbring markiert. Fehlt ein Hinweis auf die Durchlassrichtung, so können wir diese mit einem Durchgangsprüfer ermitteln.

8.7 Schottkydioden

D1

Abb. 8.10 Symbol Schottkydiode

Schottkydioden unterscheiden sich kaum in Gehäuseart, Aufdrucksart und Markierung von den oben beschriebenen Dioden, aber in den Eigenschaften.

Abb. 8.11 Foto Innenleben einer Germaniumdiode

Ähnlich günstige Werte wie die Schottkydioden haben Germaniumdioden die es in den Anfangszeiten der Elektronik häufig gab. Ich hab damit alle möglichen Arten von Detektorempfängern gebastelt, die zwar von der Lautstärke her leise und nur mit Kopfhörer, aber dafür ohne Stromquelle arbeiten. Das Foto zeigt die Innenansicht einer solchen Diode.

Die Durchlass- bzw. Schwellspannung beträgt nämlich nur 0,3 Volt. Daher sind sie für Solar- und Windanwendung besser geeignet als die Siliziumdiode, da mindestens 0,3 V mehr hinten rauskommen!

Das heißt, überall dort, wo es auf jedes bisschen der Energie ankommt, ist die Schottkydiode sehr willkommen.

8.8 Leuchtdioden, kurz LED

Abb. 8.13 Symbol LED

In der Schaltung mit LED bezeichnet. Anschlussdrähte sind Anode und Kathode, die Kathode ist an einem kürzeren Anschlussdraht und einem sichtbar größeren Dreieck in der Leuchtdiode zu erkennen (wenn diese gegen das Licht gehalten wird).
Die Werte für die Spannung liegen bei 1,4 bis 2,0 Volt (rote LED) und 1,8 bis 3,4 Volt (gelbe/grüne LEDs), 3,6 V ultrahelle LEDs und der Stromverbrauch bei 2 mA bis 30 mA, je nachdem, ob es sich um eine sog.

Low-current LED (niedriger Strom) oder um eine ordinäre Leuchtdiode oder um eine besonders helle LED handelt.
Die Leuchtdioden gibt es in unterschiedlichen Farben wie beispielsweise rot, gelb, grün und inzwischen gibt es sogar blaue und weiße LEDs. Es gibt auch Duo – LEDs mit drei Anschlüssen und mehreren Farben in einer LED und noch viele andere Arten von LEDs.
Beim Experimentieren mit der LED muss darauf geachtet werden, dass sie zum einen beim Einlöten sehr hitzeempfindlich ist, zum anderen, dass sie immer mit einem Vorwiderstand betrieben werden sollte, sobald die Spannung höher als 2,4 V ist.

8.9 Zenerdioden

Abb. 8.14 Symbol Zenerdiode

In der Schaltung mit D angegeben. Der Aufdruck auf dem Gehäuse gibt die Sperrspannung an und die Ringmarkierung ist wie bei den Dioden. Zenerdioden sperren ab der angegebenen Spannung, wenn sie entgegen der Stromflussrichtung verwendet werden. Je

Abb. 8.12 Foto LED

8

nach Leistungsklasse gibt es verschiedene Typen z.B. für 0,5 W, 1,0 W, 10 W usw. Im Buch werden Zenerdioden in Verbindung mit Messinstrumenten und Spannungsbegrenzung beim Laden verwendet.

8.10 Transistoren

In der Schaltung mit T bezeichnet. Aufdruck der Typenbezeichnung, damit können in den Listen die Daten herausgelesen werden.

Abb. 8.16 Symbol PNP

Abb. 8.17 Symbol NPN

Grundsätzlich werden PNP- und NPN-Typen unterschieden. Die drei Anschlüsse werden mit Kollektor, Basis und Emitter bezeichnet. Bei PNP-Typen liegt der Emitter an „plus", bei NPN-Typen der Emitter an „minus". Der kleinere Basisstrom beeinflusst den größeren Stromfluss vom Emitter zum Kollektor bzw. beim NPN vom Kollektor zum Emitter. Je nach Vorgaben an den zu regelnden Strom, gibt es kleinere Transistoren bis hin zu dicken Leistungsbrummern. Auch unterscheiden sich die Typen hinsichtlich Verstärkungsfaktor und Spannungsbereich.

Abb. 8.15 Foto Germaniumtransistor
Früher einmal, in den Anfangszeiten der Halbleiterelektronik, waren die Transistoren in lackierten Glaskörperchen. Lackiert deshalb, weil sie lichtempfindlich sind. Das Foto zeigt das Innenleben eines Germaniumtransistors.

8.11 Integrierte Schaltkreise, kurz IC

In der Schaltung als IC bezeichnet. Typenbezeichnung auf dem Gehäuse, das in ent-

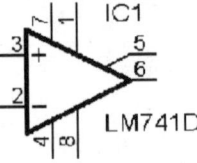

Abb. 8.18 Symbol IC

8

sprechenden Listen Auskunft über die Eigenschaften und Leistungsdaten gibt. In integrierten Schaltkreisen sind komplette Schaltungsteile auf kleinstem Raum zusammengefasst. Es gibt unzählige Typen von ICs und damit auch unzählig viele verschiedene Gehäuseausbildungen und Anschlussbelegungen. Grundsätzliches Prinzip: Die erste oder letzte Ziffer der Pins ist mit einer Markierung oder Kerbe versehen und die Zählrichtung ist – von unten auf die Beinchen gesehen – im Uhrzeigersinn (siehe auch 9.1.3).

8.12 Drosselspulen

In der Schaltung mit L bezeichnet. Von der Form her widerstands- oder kondensa-

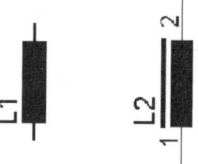

Abb. 8.20 Symbol Drosselspule

Abb. 8.19 Foto Drosselspulen

Abb. 8.21 Foto Vergrößerte Drosselspule

8

torähnliches Bauteil mit Aufdruck oder mit Farbcode versehen.

Im Inneren Ferritkern mit dünnem Kupferlackdraht umwickelt. Größere Ausführungen mit Ferritring und sichtbarer Spule.

Werden bei den Beispielen hier im Buch in den Spannungswandlerschaltungen verwendet. Funktion, kurzzeitige Energiespeicherung und Abgabe.

8.13 Reedkontakte

Ein- und Umschaltkontakte durch Magnetismus zu schalten, eingebettet in je nach zu schaltendem Strom kleinen bis großen Glaskörperchen. Werden in der Regel durch Annäherung oder Entfernen von Dauermagneten geschaltet. Typisches Beispiel ist der Messsensor des Fahrradtachos.

Durch Aufwickeln von Kupferdraht kann auch ein Reedrelais selbst hergestellt werden.

8.14 Hallsensoren

Im Prinzip in der Funktion wie Reedkontakte nur viel schneller. Es gibt unipolare Hallsensoren die durch den Südpol des Dauermagneten einschalten oder bipolare Hallsensoren die durch Änderung der Magnetseite den Schaltzustand ändern. Und es gibt hoch empfindliche Teile, die auf das Erdmagnetfeld reagieren usw. Bis zu einer magnetischen Frequenzrate von knapp unter 1 MHz können sie eingesetzt werden. Ein klasse Teil für vielfältige Messeinrichtungen und Schaltaufgaben bei allem was sich dreht und Impulse abgibt.

Infoteil

9.1 Anschlussbilder und Vergleichstypen

9.1.1 Dioden

Grundsätzlich können immer stärkere Typen für schwächere verwendet werden.

9.1.2 Transistoren

Die A-, B- und C-Typen unterscheiden sich dadurch , dass der C-Typ mehr Strom schalten kann als der B-Typ bzw. der A-Typ. Beispiel BC 237 B...... BC 237 C.

Diodentyp	Bezeichnung	Vergleichstypen	Bis Spannung	Bis Strom/Leistung
Silizium	1 N 4148		100 V	100 mA / 500 mW
Silizium	1 N 4001	Alle der Reihe 4000	50 V	1 A
Silizium	1 N 5400	Alle der Reihe 5400	50 V	3 A
Silizium	BY 550 - 50	Alle der Reihe 550 -	50 V	5 A
Schottky	BAT 43	BAT 41, BAT 46	30 V	100 mA (0,1 A)
Schottky	SB 130	DQ 10 , 1 N5817	30 V	1 A
Schottky	SB 530	SB 550 , SB 560	50 V	5 A
Schottky	MBR 1645		45 V	16 A
Germanium	OA 182		80 V	150 mA

Transistor-Typ	Bezeichnung	Vergleichstypen	bis Spannung ca. für A-Typ	bis Strom ca. für A-Typ/P tot*
NPN	BC 547 ,BC 548	BC 107, BC 108	30 –50 V	100 mA/220 mW
	BC 549	BC 109 ,BC 147		
		BC 148 BC 149		
		BC 237, BC 238		
		BC 239		
NPN	BC 141			
PNP	BC 557 , BC558	BC 177 , BC178	25-50 V	100 mA/300 mW
	BC 559	BC179, BC 307		
		BC 308, BC 309		
		BC 251 , BC 252		
		BC 253		
PNP	BD 138	BD 136, BD 140	45 – 80 V	1,5 A / 6,5 W
NPN	BD 137	BD 135, BD 139	45 – 80 V	1,5 A / 6,5 W
NPN	2 N 3055		60 V	15 A / 115 W

* P tot ist die Leistung bzw. Belastung, bei der der Transistor am Ende ist und anschließend kaputt geht!

9

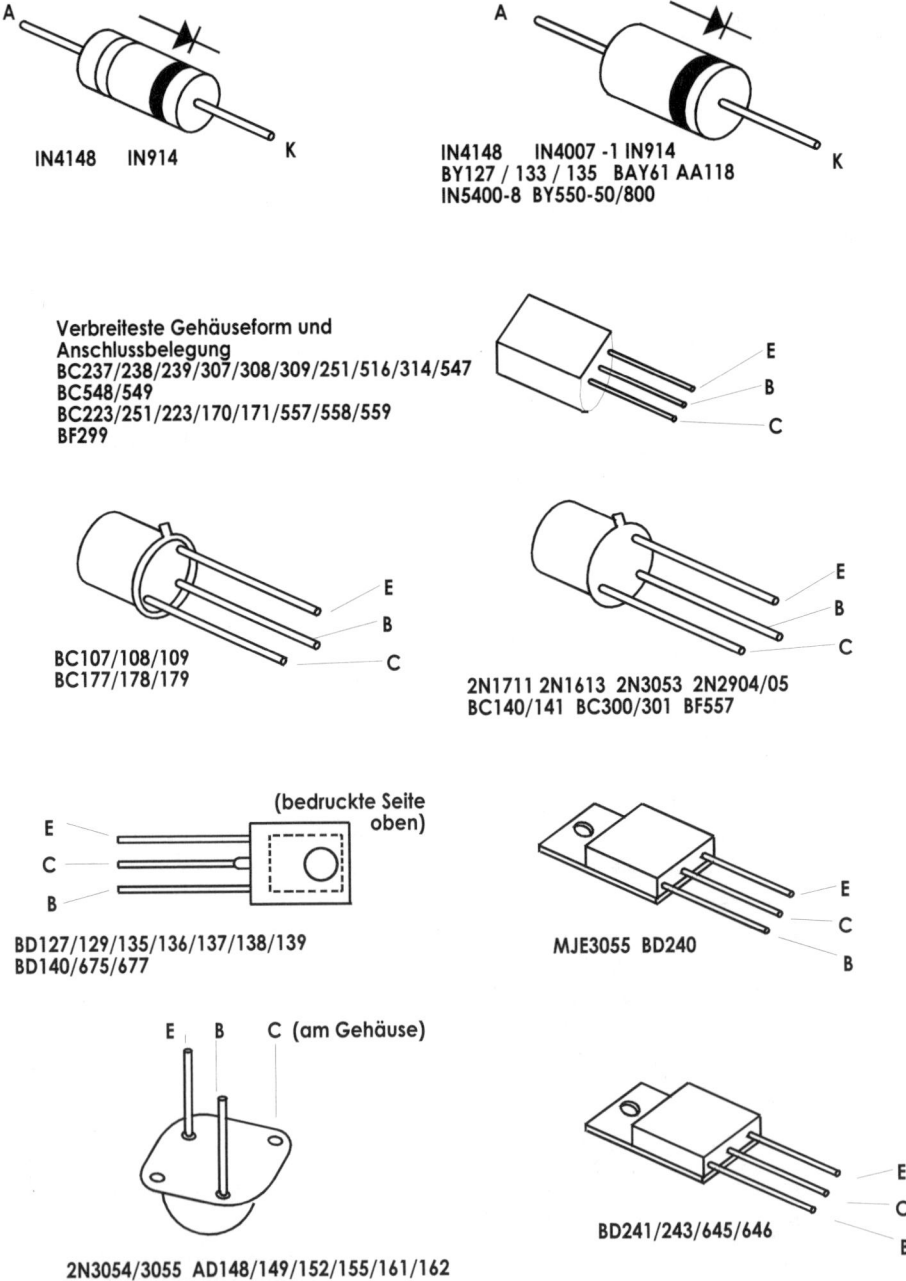

IN4148   IN914   K

IN4148   IN4007 -1 IN914
BY127 / 133 / 135   BAY61 AA118
IN5400-8 BY550-50/800   K

Verbreiteste Gehäuseform und
Anschlussbelegung
BC237/238/239/307/308/309/251/516/314/547
BC548/549
BC223/251/223/170/171/557/558/559
BF299   E
                                                         B
                                                         C

BC107/108/109   E
BC177/178/179   B
                                                         C

2N1711 2N1613 2N3053 2N2904/05
BC140/141 BC300/301 BF557

(bedruckte Seite
oben)

E
C
B

BD127/129/135/136/137/138/139
BD140/675/677

MJE3055 BD240   E
                                                         C
                                                         B

E   B   C (am Gehäuse)

BD241/243/645/646   E
                                                         C
                                                         B

2N3054/3055 AD148/149/152/155/161/162
BD130 MJ2500/2955/3055

Abb. 9.1 Anschlussbilder einiger gebräuchlicher Dioden und Transistoren

9.1.3 Integrierte Schaltkreise im Buch

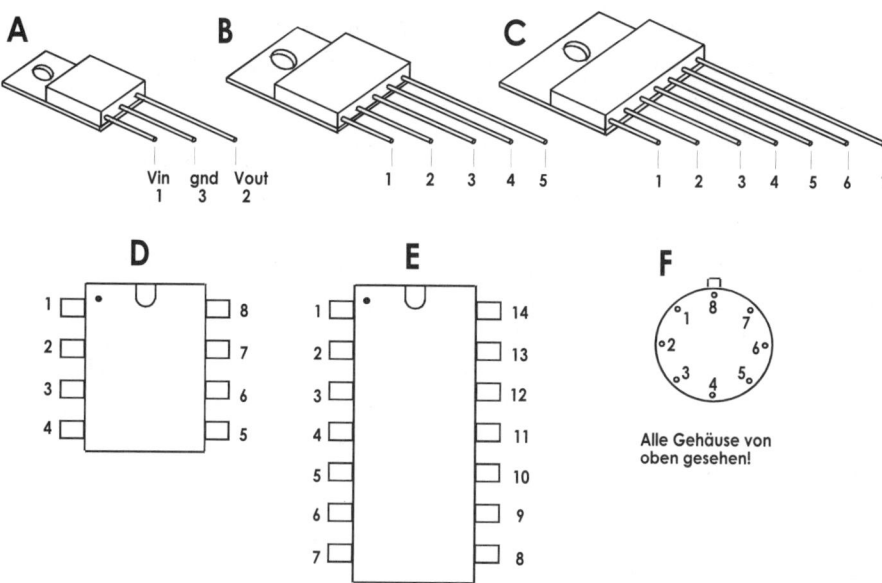

Abb. 9.2 Anschlussbilder Spannungsregler und IC:

Bezeichnung	Vergleichstyp	Verwendung für :	Anschlussbild
NE 555		Timer-Baustein	D
PB 137		Laderegler für	
		12-V-Gel-Akkus	A
U 2403B		Ladetimer, Ladegerät	D
L 200		Regelbare Spannungs-	B
		Stromquelle	
LM 317 L	LM 317 T	Spannungsregler variabel	A
L 7805 CT		Spannungsregler fest: 1 A; 5,	A
Bis 7824 CT		6, 8, 9, 12, 15, 18, 24 V	
LP 2950		Low-Trop Spannungsregler-	6.2.1.1
		Baustein	
LM 393A		Operationsvestärker	D
74121		Windgeschwindigkeits- Messer	E
		Schmitt-Trigger	
TDA 2003V		NF-Verstärker-IC	B
LM 2575HV-ADJ		Spannungsregler, getaktet,	E
		regelbar	

9

9.2 Bezugsquellen

Conrad elektronic GmbH, Klaus – Conrad – Str. 1, 92240 Hirschau, Tel. 09604 /408988 www.business.conrad.de E-Mail: business-betreuung@conrad.de
Sonderliste!, Modellbaukatalog

Lemo –Solar, Lehnert Modellbau Solartechnik GmbH, Postfach 123, 74899 Bad Rappenau, Tel 07264 /4248
Solar – Minimodul, Solarzellen, Sonderlisten

Pollin electronic GmbH, Postfach 28, 85102 Pförring, Tel 08403 /920-920
Sonderliste!

Fa. Opitec, Hobbyfix, Hohlweg 1, 97232 Giebelstadt Tel. 09334-941111
Mechanische Kleinteile aller Art
Fa. AccuCell – Deutschland Wilhelmstrasse 36 73650 Winterbach Tel. 07181/ 46341
Wiederaufladbare Alkali - Manganbatterien Thümler GmbH Hans Traut Str. 25 90455 Nürnberg Tel. 09122-78711 Fax. 09122-73127
E-Mail: info@alu-windrad.de Homepage: www.alu-windrad.de

Spezialversand Neue Energieformen-Windanlagen Generatoren, Repeller, Flansche
A. Harbarth Hechelner Strasse 32 78357 Mühlingen Tel. 07775-1215 Fax. 07775-920080

Mädler, Antriebselemente, Zahnräder, Getriebe, Getriebemotoren www.maedler.de

9.3 Literaturverzeichnis

Messen, Steuern, Regeln (für verschiedene Computertypen); Autoren: B. Kainka / L. Gollub, Franzis Verlag

Einfälle statt Abfälle Windkraft, Heft 1 und folgende; Autoren: C.Kuhtz, G. Böhmke, J. Gravert, Verlag Christian Kuhtz, erhältlich z.B. über Ökotopia info@oekotopia-verlag.de

Der Savonius Rotor, Autor: Heinz Schulz, Ökobuchverlag, Freiburg i.Br. www.oekobuch.de

Das kleine Solarwerkbuch, Autor: U.E. Stempel, Franzis Verlag GmbH, 85586 Poing

Wind- und Solarenergie im Internet:

Bauanleitung Aluwindrad: www.alu-windrad.de/bauanleitung.htm

www.stuttgart-solar.de

www.solarinfo.de

Deutsche Gesellschaft für Sonnenenergie (DGS) e.V.:
E-mail: uwehartmann@metronet.de

Eurosolar Berlin/Brandenburg:
E-mail: eurosolar_berlin-brandenburg@t-online.de

Ibasolar. Info, Beratung, Ausbildungszentrum für Solarenergie:
E-Mail: ibasolar@t- online.de

110

Institut für Solarenergieforschung Hameln:
E-Mail: tgtmeyer@isfh.de

Institut für Solarschiffbau:
E-Mail: meyercat@t-online.de

viele weitere Adressen sind über Suchma-
schinen (z.B. Yahoo, google) im Internet zu
erfragen.

9

10 Schablonen

Die folgenden Schablonen sind maßstabsgetreu für 100 % und können mit der entsprechenden Vergrößerung aus dem Buch kopiert und auf die Werkstücke aufgeklebt bzw. abgepaust werden.

Die realen Durchmesser differieren um einige mm, je nach Art und Wanddicke des Kunststoffrohres.

Anhaltswerte, je nach Schwergängigkeit des Generators ist es auch sinnvoller, die Anlaufhilfe größer zu wählen

Material vorzugsweise Alublech. Materialstärke von 1,5 mm bei der Kleinen bis 4 mm bei der Größten

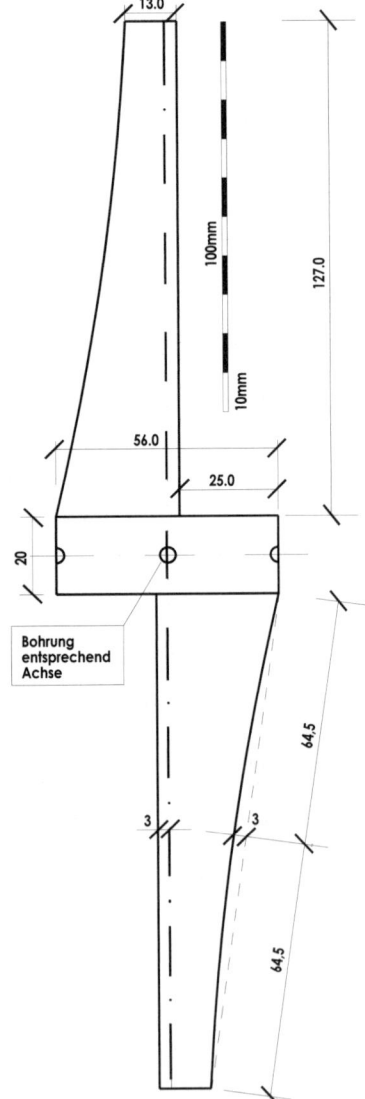

Abb.10.1 Kunststoff-Repeller

Schablonen

Material	Rohrdurchmesser	Repellerlänge	Vergrößerungsfaktor
Elektriker	18 mm außen,	275 mm	1:1 = 100 %
Kabelschutzrohr	16 mm Innen		
Abwasserrohr, HT	DN 40, 40 mm Außen	611 mm	2,22:1 = 222 %
Abwasserrohr, HT	DN 50 50 mm Außen	763 mm	2,78:1 = 277 %
Abwasserrohr, HT	DN 70 70 mm Außen	1069 mm	3,88:1 = 388 %
Abwasserrohr, PVC	DN 100 110 mm Außen	1680 mm	6,1:1 = 610 %
Abwasserrohr, PVC	DN 150 160 mm Außen	2444 mm	8,9:1 = 888 %

Repellerlänge	C	D	E	F	G	
611 cm	48 mm	72 mm	168 mm	18 mm	60 mm	
763 cm	60 mm	90 mm	210 mm	23 mm	75 mm	300 %
1069 cm	80 mm	120 mm	280 mm	30 mm	100 mm	
1680 cm	•• mm	200 mm	460 mm	50 mm	165 mm	

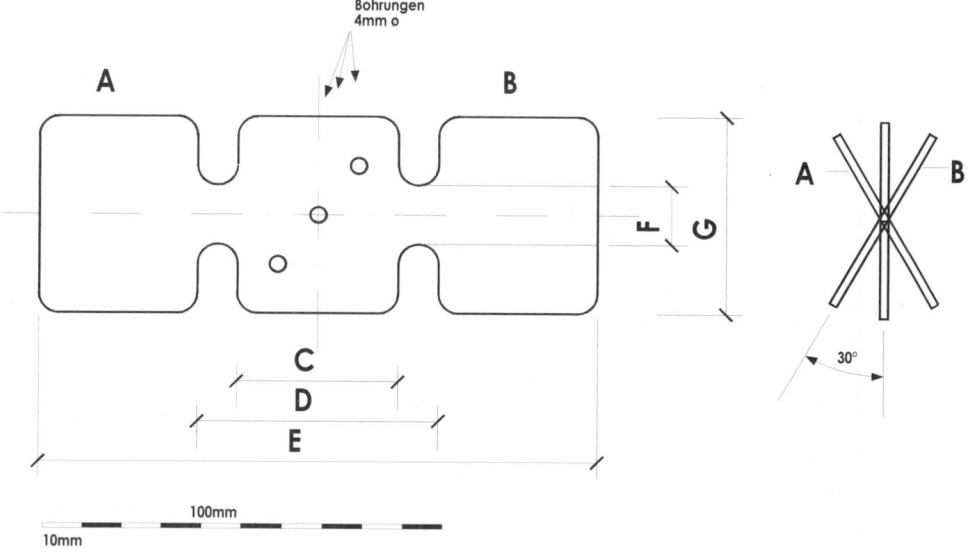

Abb. 10.2 Anlaufhilfe

10

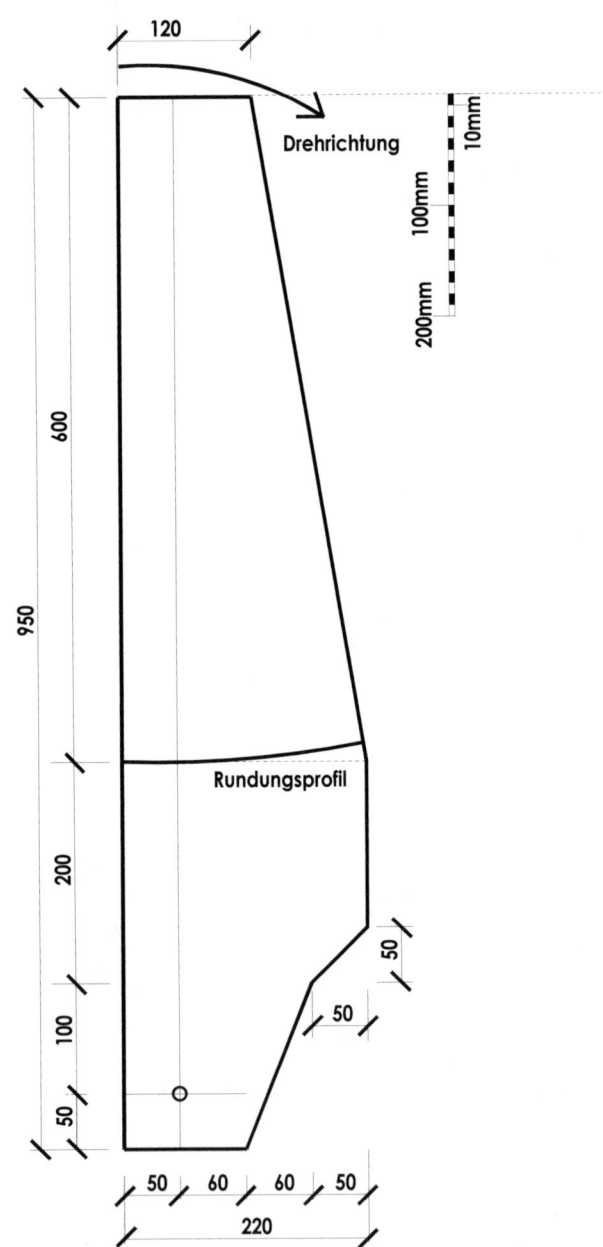

120

Drehrichtung

10mm
100mm
200mm

600

950

Rundungsprofil

200

50

50

100

50

50   60   60   50

220

Abb. 10.3 Repellerblatt, Metall

Dieses Buch zeigt Ihnen den Umgang mit Solarstrom im Outdoor-Bereich. Sie erfahren wie solarbetriebene Kühlboxen funktionieren, wie Sie beim Campen den Solarstrom zum Beleuchten, Lüften, Heizen und Kochen nutzen können. Sie erhalten Infos über die richtige Auswahl von Solarzellen bzw. Solarmodulen für Ihren jeweiligen Einsatzfall, ob es sich nun um einen Solarventilator oder eine Solarpumpe handelt. Besondere Fachkenntnisse sind nicht erforderlich, da handelsübliche Fertigbausteine eingesetzt werden.

Wie Sie Solarstrom für Camping, Caravan & Boot Nutzen

Hanus, Bo; 2003; 96 Seiten

ISBN 3-7723-**4106-3**

€ **12,95**

Besuchen Sie uns im Internet – www.franzis.de

Finger in die Luft strecken und Energieströme fließen lassen – Wunsch oder Realität? Zu dem uralten Menschheitstraum hat erstmals Nikola Tesla vor hundert Jahren naturwissenschaftliche Experimente angestellt. Dieses Buch entführt Sie in die faszinierende Welt der Tesla-Energie und lässt Sie Tesla-Versuche eigenhändig nachvollziehen. Sie lernen zunächst die Grundlagen kennen, die zum Bau eines Tesla-Generators nötig sind. Daran schließt sich der reale Aufbau eines leistungsfähigen Tesla-Generators an. Seine gewaltigen Entladungen mit 70 cm langen Blitzen vermitteln Ihnen ein eindrucksvolles Bild von den verborgenen Kräften der Natur.

Experimente mit Tesla-Energie

Wahl, Günter; 2001; 120 Seiten

ISBN 3-7723-**5694-X**

€ **19,95**

Besuchen Sie uns im Internet – www.franzis.de

Wenn das nicht faszinierend ist: Schon ein paar Sonnenstrahlen können mit Hilfe einer Solarzelle in elektrischen Strom umgewandelt werden. Dieses Buch zeigt Ihnen, wie sie mit viel Spass selbständig interessante Schaltungen und Vorrichtungen aufbauen können, welche mit Solarstrom betrieben werden. Die Bauvorschläge sind so ausgewählt, dass Sie diese in Haus und Hof optimal einsetzen können. Auch technisch unvorbelastete Laien können die praktischen Bauanleitungen verstehen und umsetzen. Ohne Stolpersteine, Kopfzerbrechen und viel Spass an der Freude. Zum Aufbau genügen einfache handelsübliche Lötleisten und kleine Experimentierplatinen.

Spass & Spiel mit der Solartechnik

Hanus, Bo, 2003; 96 Seiten

ISBN 3-7723-**4906**-4

€ **14,95**

Besuchen Sie uns im Internet – www.franzis.de

Gehen Sie mit selbst gebauten Piratensendern „On Air". Bauen Sie Ihre eigene kleine Sendestation. Was in Deutschland verboten ist, können Sie in vielen Urlaubsländern ungehindert machen. Dieses Buch vermittelt allen Hobbyelektronikern Praxiswissen über Funktion und Aufbau kleiner UKW-Sendestationen. Der Leser findet einen bunten Querschnitt an UKW-Piratensender-Schaltungen für kleine und große Reichweiten, interessante Schaltungsempfehlungen zu Prüfsendern, Störsendern und UKW-Miniempfängern sowie Anleitungen für den Selbstbau eines Doppler-Funkpeilempfängers. Eine echte Bereicherung für alle Radiobastler und Hobbyelektroniker.

Piratensender & Zubehör

Wahl, Günter; 2003; ca. 130 Seiten

ISBN 3-7723-**5597**-8   € **19,95**

Besuchen Sie uns im Internet – www.franzis.de

Solarexperimente müssen nicht unbedingt teuer, kompliziert und aufwendig sein. Mit einfachsten Mitteln, die aus der Bastelkiste oder aus billigen Restposten stammen, lassen sich solarbetriebene Instrumente und Geräte selbst zusammenbauen. Hier wird gezeigt, wie Sie aus wenigen Bauelementen – ein paar Dioden, ein altes Messinstrument - komplexe Überwachungsanzeigen basteln und wie Sie von den hier vorgestellten Beispielen ausgehend eigene Konzepte und Ideen verwirklichen.

Das kleine Solar-Werkbuch

Stempel, Ulrich; 2002; 96 Seiten

ISBN 3-7723-**4375-9**

€ **12,95**

Besuchen Sie uns im Internet – www.franzis.de

Günter Wahl

New Age
Elektronik-Projekte
für den Selbstbau

- Elektrostatischer Foliengenerator
- Magnetische Kristalle
- Electric Man als Party-Schreck
- Ionen-Detektor
- Solid-State Teslagenerator zur Energieübertragung
- Multifrequenz-Oszillator nach Lakhovsky
- Hochspannung im Gartenbau
- Gepulster Mikrowellenherd zur Gehirnmanipulation

Franzis'

Entdecken Sie die faszinierende Welt der New Age Elektronik mit vielen interessanten Selbstbau-Projekten. Nehmen Sie die Chance wahr und führen Sie diese einem staunenden Publikum vor. Sie erfahren, wie ein Foliengenerator funktioniert, wie sich Kristalle plötzlich wie Magnete verhalten, wie Hochspannungsgeneratoren faszinierende Effekte erzeugen, wie beim Händeschütteln Funkenüberschläge erzeugt werden können. Ein Buch gegen die Langeweile und Fantasielosigkeit in der konventionellen Elektronik!

New Age Elektronik-Projekte
für den Selbstbau

Wahl, Günter; 2003; 192 Seiten

ISBN 3-7723-**4910-2**

€ 24,95

Besuchen Sie uns im Internet – www.franzis.de